土地利用/覆被动态模拟与景观评价研究

陈学渊 著

中国农业科学技术出版社

图书在版编目（CIP）数据

土地利用/覆被动态模拟与景观评价研究／陈学渊著．—北京：中国农业科学技术出版社，2015.12

ISBN 978－7－5116－2352－2

Ⅰ.①土…　Ⅱ.①陈…　Ⅲ.①土地利用调查－遥感地面调查－安吉县　Ⅳ.①F301.24－39

中国版本图书馆 CIP 数据核字（2015）第 263723 号

责任编辑　贺可香
责任校对　马广洋

出 版 者　中国农业科学技术出版社
北京市中关村南大街 12 号　邮编：100081
电　　话　(010)82106638(编辑室)　(010)82109702(发行部)
(010)82109709(读者服务部)
传　　真　(010)82106650
网　　址　http://www.castp.cn
经 销 者　全国各地新华书店
印 刷 者　北京富泰印刷有限责任公司
开　　本　710mm×1 000mm　1/16
印　　张　8.25
字　　数　190 千字
版　　次　2015 年 12 月第 1 版　2017 年 1 月第 2 次印刷
定　　价　46.00 元

序

土地利用/覆被变化（LUCC）是全球环境变化的重要原因，反映了人类与自然界相互影响与交互作用最直接和最密切的关系。人类在利用土地资源发展社会经济的同时，引起了土地覆被最直接和最深刻的变化，并对生态环境产生了巨大的影响。20 世纪 90 年代，国际地圈生物圈计划（IGBP）与全球环境变化人文计划（IHDP）联合推出了土地利用/覆被变化（LUCC）研究计划，并于 21 世纪初继续联合推出全球土地计划（GLP），土地利用/土地覆盖（LUCC）变化所引起的环境影响及其环境安全已成为全球环境变化研究的重要组成部分。

县域作为我国社会经济的基本单元，具有典型的地域特色和区域功能，在幅员辽阔的中国，县域被赋予了特定的历史地位和深刻内涵。在工业化和城镇化快速发展的过程中，“自上而下”与“自下而上”的土地利用制度与政策的变更，社会经济发展措施的优化调控以及人类生产活动方式与意愿的转变等，都在加速土地利用/覆被在空间分布和类型转变的深刻变化，同时也带来一系列的生态环境问题。该书选择我国社会经济的基本单元—县域尺度作为土地利用/覆被变化的研究对象，综合应用地理科学、土地科学和系统科学，沿着土地利用/覆被“动态变化过程与结构分异—驱动机制—多情景预测模拟—景观格局评价”的研究思路对县域土地利用/覆被的演变进行理论、方法与实证研究，取得了较好效果，不但丰富了土地利用/覆被在典型区域研究的案例，同时有利于提高该区域预判土地利用和土地覆被变化的能力，促进土地集约利用和科学决策，实现区域土地资源可持续促进社会经济和谐有序发展。该书是作者多年土地利用/覆被变化研究的总结，具有以下两个方面特点：

一是将县域作为一个完整系统进行研究，基于系统科学的方法，科学揭示土地利用/覆被动态变化过程与结构分异特征、土地利用格局驱动机制及其相关性，对县域土地利用/覆被动态变化的系统性研究具有一定的指导意义。

二是综合运用经济学、地理学、系统动力学、景观生态学与模型模拟等研究手段，构建县域土地利用/覆被动态变化时空演变的理论方法与模型架构，是跨学科研究的重要实践，同时也是 Clue-S 模型针对县域尺度的典型研究与案例补充。

总之，该书作者利用跨学科对县域土地利用/覆被变化进行交叉和综合研究，是该领域研究工作的重要探索和实践。

2015 年 11 月 15 日于北京

目　录

图 目 录

表 目 录

第一章　研究背景与研究思路

第一节　研究背景

一、建设生态文明是关系人民福祉、民族未来的长远大计

生态文明是指人类遵循人、自然、社会和谐发展这一客观规律而取得的物质与精神成果的总和；是指人与自然、人与人、人与社会和谐共生、良性循环、全面发展、持续繁荣为基本宗旨的文化伦理形态。党的十七大报告明确提出建设生态文明的新要求，并将到2020年成为生态环境良好的国家作为全面建设小康社会的重要要求之一（十七大报告，2007）。党的十八大报告首次全面论述生态文明，首次把“美丽中国”作为未来生态文明建设的宏伟目标，把生态文明建设摆在总体布局的高度来论述（十八大报告，2012），体现了我国加快建设资源节约型、环境友好型社会的决心。

浙江安吉是长江三角洲经济区迅速崛起的一个对外开放景区，是全国首批生态文明建设试点地区，研究其生态安全状况对全国其他地区保持社会经济发展可持续性和生态环境安全性具有重要参考意义。安吉县的地形地貌特征为“七山两水一分田”，是整个浙江省的缩影。其中低丘缓坡土地面积约60.04万亩，占全县土地总面积的21.22%（张咏梅，2013）。随着城镇化快速发展，其中土地利用类型的结构也在发生变化，对保持生态环境造成了潜在的威胁。土地利用变化对其生态环境的影响对于了解区域生态环境和全球环境变化具有重要的意义（傅伯杰，1999），从土地利用/覆被变化的视角开展相关研究，能更好地为资源节约型和环境友好型的生态文明建设提供科学依据。

二、土地利用/覆被变化研究成为全球变化研究的热点问题

土地利用/覆被变化（LUCC）是全球环境变化的重要原因（唐华俊，2009）。土地是人类赖以生存与发展的重要资源和物质保障，在“人口—资源—环境—发展”复合系统中，土地资源处于基础地位（刘彦随，2002），同

时土地利用反映了人类与自然界相互影响与交互作用最直接和最密切的关系（蔡运龙，2001）。1995 年，IGBP 与 IHDP 联合推出了 LUCC 研究计划，主要研究目标是增进对 LUCC 机制的理解及其与全球环境变化的关系。2005 年 IGBP 和 IHDP 又联合推出来全球土地计划（Global Land Project，GLP），是全球变化与陆地生态系统研究计划和 LUCC 研究计划的综合，其目标是量测、模拟和理解人类—环境耦合的陆地生态系统。人类在利用土地促进社会经济发展的同时，也引起了土地覆被的变化，并对生态环境产生了巨大的影响。

土地利用/土地覆被变化对生态、社会和经济影响明显。近些年有研究开始关注土地利用对经济发展的影响（李馨，2011）。同时认识到经济发展对土地利用的推动或制约作用，将经济要素作为土地利用过程重要的驱动力来考量，这一类研究相对较为成熟（Pratt A C，2009；杜怀玉，2007）。研究表明，LUCC 对气候变化、陆地生态系统地球物流和地球化学循环过程、全球陆地—海洋相互作用等有重要影响（Wu Wenbin，2007），土地利用方式的变化影响了全球水文及碳循环和能量平衡，破坏了全球很多海岸带区域的生态环境（Kalnay E，2003）。

三、土地利用/覆被变化与驱动机制的关系在县域案例研究中的探索

土地利用/土地覆盖驱动力及驱动机制的研究主要为了揭示 LUCC 的影响因子，相互作用过程及其机理，使人们充分了解土地利用及覆被变化的原因，进而对土地利用现状进行改善，对未来的变化趋势进行预测并进行人为调控（赵云霞，2013）。近十年的研究显示，在 LUCC 驱动力的提取和模型构建等方面取得了很大进步，能够引起土地利用/土地覆被变化的可能因素主要分为六大类：人口、富裕程度、技术、经济结构、政治结构以及观念和价值取向。然而在这类研究中，模型涉及的空间尺度多样，但多数以国家或者较大区域尺度为主（Verburg P H，2000；Lambin E F，2003；Rounsevell M D A，2003），以县域为案例研究的人不多见，地方微观尺度、局部中观尺度的模型处于发展阶段（唐华俊，2009）。因此以县域土地利用变化为研究对象，探索其驱动机制，在研究尺度上具有一定的新意。

第二节　相关领域研究现状

一、生态文明建设内涵

生态文明是当前在世界范围内倡导的一种文明理念与建设的一种新的文明形式。马克思和恩格斯关于生态文明思想指出：它主要体现在两个方面，即人与自然之间的物质变换或说新陈代谢思想，以及人与自然、社会的共同进化理念，也即可持续发展理念（戴圣鹏，2013）。随着社会生产力的不断提高，人们对于认识生态文明的概念也在发生变化，尤其是在环境问题凸显的今天，人们日益发现要真正解决环境问题须要把整个自然环境和整个人类社会（包含经济）作为一个整体来考察，并在此基础上建立新的学科（甘晖，2013）。所以，从新中国建立开始的1949—2012年期间，生态文明的内涵随着认识和时代的变迁，结合社会主义实践，主要体现为4个时期的论述（胡建，2011；胡洪彬，2009；胡洪彬，2010；甘晖，2008；宋波，2004）：

（1）毛泽东提出的“对马克思的生产的自然条件理论之探讨”；

（2）邓小平提出的“对生态文明与工业文明的矛盾之认知”；

（3）江泽民提出的“正确处理人与自然对立统一关系的可持续发展战略”；

（4）胡锦涛提出的“全面协调发展的科学发展观”。

2012年，中共十八大报告提出把生态文明建设放在突出地位，融入经济建设、政治建设、文化建设、社会建设各方面和全过程，努力建设美丽中国，实现中华民族永续发展。因此，当前对生态文明建设赋予了更多的现实意义和内涵。

二、土地利用/土地覆被内涵

辨析土地利用与土地覆被的内涵，有助于更加清楚理解土地利用/土地覆被变化。

1. 土地是人类赖以生存和发展的基础。当前，对于土地利用的涵义，不同的学者对应不同的研究目的有着不同的认识和定义。其中国内官方和国际机构，1993年国家土地管理局颁布的《土地利用规划》指出土地利用是人类通过一定的行动，以土地为劳动对象，利用土地的特性，满足自我需求的过程；1985年联合国粮农组织（FAO）指出土地利用是由自然条件和人的干预所决定的土地的功能，是一种非决断性的结果。另外一些学者也进行了相应的定义，其中陈百明认为土地利用是人类未来经济社会目的而进行的一系列生物和技术活动，对土地长期性或周期性的经营（陈百明，2010）；刘书楷认为土地利用是人民更具土地资源的特性、功能和一定的经济目的，对土地的使用、保护和改造（刘书楷，1987）；唐华俊指出土地利用是指人类有目的地开发利用土地资源的一切活动，如农业用地、林业用地、工业用地、交通用地、居住用地等都是不同的土地利用类型（唐华俊，2004）。

因此，综合以上观点认为，土地利用是人类有目的的通过一定行动，以土地为劳动对象，进行自然再生产和经济再生产的复杂的社会经济过程，它是由自然、经济、社会和生态等多个子系统构成的生态经济有机复合系统。

2. 与土地利用（Land use）关联既密切又有一定区别的概念就是土地覆盖（Land cover）。Turner 认为土地覆盖是地球陆地表面和近地表某一部分在地形、土壤、生物、地表水、地下水以及人为建造物等方面的属性和特征，如草地、湿地、林地和水域等（Turner，1993）。国内学者陈佑启指出土地覆被是地表自然形成的与人为引起的覆盖状况，包括地表植被、土壤、湖泊、冰川、沼泽湿地及道路灯（陈佑启，2001）；李秀彬认为土地覆被是地球表层系统能流过程和系统物流的关键环节。所以，土地利用与土地覆盖有着密切的关系，也可以理解成事物的两个方面，其中一个是发生在地球表面的过程，另一个则是各种地表过程（包括土地利用）的产物（Dale，1997）。

无论是在全球尺度还是国家或者区域尺度上，土地利用的变化在不断地导致土地覆盖的加速变化，而土地覆盖的变化又会反过来影响土地利用方式、空间格局及其时间变化（Meyer，1994）。

三、土地利用/土地覆被空间尺度研究进展

LUCC 具有明显的多尺度性。LUCC 变化过程在不同尺度上发生、作用和演变，影响着 LUCC 的实际速率和空间分布（Lambin E F，2001）。纵观 LUCC 发展历程来看，其空间尺度经历了一个从早期的单一空间尺度到现今的多空间尺度的转变，因为土地利用变化往往并不是受单一尺度影响的，而是跨多尺度发展和演变（Overmars K P，2006；De Koning G H J，1999）。但是多数以国家或者区域尺度为主（Verburg P H，2000；Lambin E F，2003；Rounsevell M D A，2003）。

任何要素均具有自身独特的最为适宜的尺度规模，在这一尺度上该要素的表现最为充分。在不同的规模尺度上土地利用与土地覆盖变化具有不同的动力机制（蔡云龙，2000）。过高的综合会带来信息详细程度的损失。（1）对全球

或者区域性的土地利用与土地覆盖变化而言，适宜的综合水平显得尤其关键，它必须能够充分地反映土地管理、土地资源、土地利用的集约程度等基本特征。在大尺度空间范围的研究方面，从宏观角度来考虑有利于认识 LUCC 变化及其驱动机制，如全球和国家等的森林资源、草地资源、耕地资源等的变化及其与经济水平、政策和制度体系、群体行为等的关系，在总体上反映出时间、空间变化趋势。（2）小尺度范围的研究有利于针对具体的研究区域深入的进行探讨，能够更好地探寻出研究区域影响 LUCC 变化的驱动机制与主导因子，在阐释 LUCC 变化的过程方面表现得更加详细，更有效的预测未来变化方向，并为土地利用决策提供可靠的依据。

县域经济作为我国国民经济的基本单元。由于土地利用变化模式具有高度的空间异质性，因此为了判定和说明在土地利用变化过程中原因和表象之间的关系，要求空间解析和时间解析都达到一定的详细程度。地方尺度的案例研究就可以提供这样的解析水平（蔡云龙，2001）。基于此研究范围聚焦，研究时间缩短到一定时段，对原因和表象之间关系细节的认识就可大大深入，由于 LUCC 变化数据对地方决策及其有用，而且这种尺度的变化与人类活动的联系也易于分析，所以基于县域尺度的范围解析土地利用变化过程和流向，及其驱动机制反馈具有十分重要的现实意义。

四、土地利用/土地覆被驱动机制研究进展

土地利用变化的发生受到多种因素的驱动。驱动力系统是土地利用变化的动力系统，是由各种驱动力组成的具有一定新功能的有机整体，具有单独驱动力所不具有的性质和功能（魏宏森，1995），日益受到研究者的高度重视。土地利用变化的驱动力主要取决于经济、技术、社会以及政治等方面的变化。通过对土地利用变化过程的研究，有利于提高预判土地利用和土地覆被变化的能力。

（一）当前，土地利用变化的驱动力及驱动机制研究已经成为热点问题，研究者对驱动力的认识有很多观点

HDP 计划指出，影响土地利用变化的社会经济因素主要包括直接因素和间接因素。其中，直接因素包括：对土地产品的需求、对土地的投入、城市化程度、土地利用的集约化程度、土地权属、土地利用政策以及对土地资源保护的态度等。间接因素包括：人口变化、技术发展、经济增长、政经政策、富裕程度和价值取向，它们通过直接因素作用于土地利用（李秀彬，1996）。史培军教授认为土地利用变化驱动力主要有：土地利用的决策失误；外界自然环境（气温、降雨等）的变化，例如降雨量减少，农田变成沙漠；社会经济的变

化；人类价值观的改变（史培军，2000）。Kasperson 认为人类方面的驱动力因素主要有人口、技术水平、富裕程度、政治经济结构、信任与态度（史培军，2000）。通过利用遥感对地观测技术和地理信息系统，揭示土地利用的空间变化规律，分析引起变化的驱动力，已经成为当前国际上开展土地利用和土地覆被变化研究的最新动向。

（二）社会经济、自然资源因素与土地利用/土地覆被变化之间的关系

人口是影响土地利用/土地覆被变化的社会经济因素中一个独特因素，也是主要因素之一。人口增长与土地利用变化之间的关系一直是土地利用变化机制研究的重要内容，到目前为止也是研究较多的一个方面。人口增长和收入状况对居住用地变化的作用，是一种非线性关系，而不是两者作用的简单相加（摆万奇，2001）。但是人口的流动和转移，改变了不同地域上的人口分布格局，进而对原有用地需求和用地格局产生影响，是土地利用方式发生相应的变化（张军岩，2004）。如果将土地作为一种生产要素或经济资源，需要从土地使用者个体行为和群体行为两个角度进行综合分析，在人口迁移率较低的情况下，人口自然增长和土地质量的下降往往造成农用地面积的不断扩张（李平，2001）。人口增长、外资的投入和第三产业的发展是城镇用地扩大的主要外在驱动力（史培军，2000）。

政策调控与经济驱动是导致土地利用变化及其时空差异的主要原因（刘纪远，2003）。《基本农田保护条例》的颁布和《土地管理法》的修订与生效，对于保护耕地资源发挥了重要的作用，在 20 世纪 90 年代后期我国耕地面积的减少得到了遏制。但是，随着我国经济的高速增长持续加大，不同土地利用类型的转移在区域经济发展优先前提下完成，由于区域经济发展水平空间分布的差异性，导致我国的土地利用变化表现出较为明显的空间差异性。比如，西部大开发战略的推动，使得西部地区城镇化迅速发展，城乡建设用地面积扩展的趋势得到进一步加大。外资的大量涌入，固定资产投资的逐年增加和旅游事业带动的第三产业发展也成为土地利用大规模、多样化转变的人文驱动（陈浮，2001）。

（三）土地利用/覆被动态变化过程分析是驱动机制研究的核心内容

土地利用之所以发生变化，是因为驱动力在变化，导致驱动力变化的原因即是土地利用变化动力源，因此，动态地把握驱动力系统，是揭示土地利用变化动力源的关键（摆万奇，2001）。在 LUCC 研究中，土地利用/覆被的格局和过程研究占有重要地位。其中过程研究着重了解在某一段时间内该区域 LUCC 状况，是一个动态的过程；而格局研究是侧重于某一地区某一时间的土地利用和土地覆被格局，是静态的。因此，格局研究是过程研究的基础，而过

程研究是格局研究的深化。文献分析，当前对变化动态过程分析的方法很多，主要是通过土地利用/覆被转移矩阵来说明一段时期，不同土地利用类型之间的转移过程及其数量；在土地利用/覆被变化度量方面主要有单一土地利用变化率、单一土地利用转出率和转入率、综合土地利用动态度、土地利用度以及土地覆被分布空间变化指数等指标（樊风雷，2007；张翀，2008；高占国，2002）。

综上所述，在研究驱动机制方面，国内研究主要集中在单一驱动因素（社会经济发展要素），较少考虑空间驱动因子（地理地貌、交通、水域等）对土地利用变化的影响。大部分研究在土地利用变化过程中认为，社会、经济、政策等因素是造成变化的主要因素。然而自然环境条件是土地覆被与土地利用分布的基础条件，在某种程度上具有一定的主导作用，而社会、经济、技术等人文因素则对土地利用的时空变化具有决定性的影响（陈佑启，2000）。因此，综合自然、社会、经济三大要素来分析揭示土地利用变化的内在关系是十分必要的。

五、土地利用/土地覆被模拟模型研究进展

LUCC 模型研究始终是土地变化科学研究的重点（唐华俊，2009）。它是建立在明确空间定位基础上的、综合集成的多尺度动态模型，是分析土地利用变化的原因和过程的工具，能够部分地揭示土地利用系统的复杂性，以便更好的理解土地利用系统的功能，是深入了解土地利用/覆被变化复杂性的重要手段，是理解和认识区域土地利用/覆被变化的某些关键过程并进行定量描述，从而对未来的土地利用变化格局和影像进行研究评价的重要工具（龙花楼，2002；Tuan Y F，1971），并可为编制土地利用规划和制定土地利用政策提供支持（刘彦随，1999）。

20 世纪 90 年代以来，土地利用/覆被变化模型的发展呈现 3 种趋势（史培军，2000）。一是时间动态模拟和空间格局分析与地理信息系统结合。空间异质性（spatial heterogeneity）在区域和全球环境变化的研究中越来越受到重视，空间格局成为分析和解释地区内空间现象、过程和机制的重要因素。二是遥感数据的广泛应用。遥感数据具有相对客观性和高时空分辨率，对于辨别和分析土地利用和土地覆被类型发挥着至关重要的作用，在一定程度上弥补了传统数据的不足。三是对自然要素和社会、经济与人文要素的综合。人类的社会和经济活动是近代和现代土地利用和土地覆被变化的最根本的推动力，因此，要模拟土地利用和土地覆被变化的动力和原因，就必须将社会经济要素和过程纳入模型之中。

近年来，在土地利用/土地覆被研究中，模型的研究和应用日益受到重视，影响较大和应用广泛的相关模型见表1－1。

表1－1　主要土地利用/覆被模型

模型名称	主要研究内容	典型应用		备注
CA	一组数学模型，研究城镇用地的动态变化过程	国内	史培军构建基于CA和经验模型的模拟框架，对深圳市1980—1988年期间土地动态变化进行模拟（史培军，2000）	基于专家知识，缺乏定量的理解
		国外	F. Wu，K. C. Clarke，R. White，等运用CA模型对城镇用地的动态变化过程进行大量模拟（Clarke，1997；White. R.，1993；White. R.，1997；Batty. M，1989；Geoghegan J，2002；Thorrens P. M，2001；Wagner D，1997；Yeh A. G，2001；Yeh A. G，2002）	
GEOMOD	基于地理的土地利用变化模拟模型，预测“开发土地”与“开发土地”间的变化	国内	Siripun Taweesuk运用模型对泰国北部清迈省的土地利用/覆被变化进行模拟	主要用来预测“已开发土地”与“未开发土地”之间的变化，具有一定的局限性
		国外	齐晔运用模型对土地利用变化及其对碳循环影像进行了模拟（史培军，2000）	
IMAGE	模拟大气中温室气体的动态变化，解释地球系统中的主要相互作用，把全球能源和农业系统中的人类活动与气候和生物圈的变化联系起来	国外	Zuidema G运用模型对经济因素与气候条件影响下的全球土地覆被变化进行模拟研究（Leemans R，1995）	主要用于大尺度区域研究
CENTURY	综合了气候、土壤和耕作活动的农业生态系统模型，将土地利用变化的社会过程和生态过程很好地联系起来	国外	Parton W J等运用模型主要研究了半干旱地区草地的利用变化（Parton W J，1993）	主要用于森林、草地覆盖的研究
GTR	传统杜能模型的扩展，将城市化作为土地利用变化的主要驱动因子	国内	龙花楼通过修订后的GTR模型，对长江沿线样带未来30年的土地利用变化进行了模拟（龙花楼，2001）	主要用于大尺度区域研究
		国外	Konagaya运用模型预测了中国的三大土地利用类型：城市用地、农业用地和其他用地	

（续表）

模型名称	主要研究内容		典型应用	备注
CLUE-S	定量分析土地利用变化与社会、经济、技术及自然环境的关系，模拟土地利用时空演变的基本规律和变化，并进行预测	国内	唐华俊《中国土地利用/土地覆盖变化研究》（唐华俊，2004）	主要针对较小尺度的区域，并对驱动因子进行定量化分析
		国外	Wytse Engelsman 运用模型对 Selangor 河谷碰地的土地利用变化进行模拟	

通过对土地利用/覆被变化模型的研究发现：建立在系统论基础之上的 CLUE-S 模型，是在深刻理解土地利用系统内土地利用变化特征的基础上构建，在小区域土地利用/覆被空间格局变化模拟预测方面较其他模型具有较强的针对性，并能解析出研究区域土地利用变化的内部特征，能较好的拟合出变化的时空规律。

六、土地利用/土地覆被景观格局变化研究进展

（一）土地利用与覆被景观格局变化研究

景观由大大小小的斑块组成，斑块的空间分布成为景观格局（张贵生，2006）。资源的斑块化控制着生物对资源的利用方式，同时决定了资源的可利用程度（傅伯杰，2001）。对土地利用的自然景观格局分析，可促进对景观多样性及土地利用空间格局的合理性的了解。

景观格局变化的研究是当前景观生态学中的一个研究热点，同时也是景观生态学研究的核心问题之一，反映了人类对景观影响的强度、范围和频率（Redman，1999）。景观空间格局是指形状和大小各异的景观要素在空间上的排列，是景观异质性的重要表现（常学礼，2003）。景观格局发生变化，通常是因为景观系统内个别景观的空间结构和景观要素的稳定性发生变化（William，1989），它的形成、动态及其生态学过程的相互作用已经成为景观生态学的研究重点之一（Wu and Hobbs，2002）。

当前，对某一区域的景观格局变化研究，主要是通过不同时期土地利用图、遥感影像以及航拍等数据作为基础数据源，利用地理信息系统和遥感影响解译软件，基于景观指数或者景观变化模型进行景观动态研究，大部分学者采用空间统计特征比较、景观动态模型以及景观格局指数等方法。其中景观指数是指能高度浓缩景观格局信息，反映结构组成和空间配置某些方面的简单定量指标，其特征可以在单一斑块、斑块类型和整体景观 3 个层次上分析（邬建国，2000）。它可以用来定量监测和描述景观结构特征随时间变化，还可以用来描述和辨识景观中生态学特征的空间梯度（曾辉，2002）。

景观格局的变化，主要分3种典型类型：（1）新型景观要素在整个景观系统内占有一定的面积；（2）某几种景观要素的景观比例在整个景观系统内发生变化；（3）某一种景观要素变成基质而且替代了原来的基质（肖笃宁，1990）。因此，对土地利用景观格局变化的研究有助于促进理解人类活动与景观结构之间的关系。

（二）土地利用与覆被景观梯度变化研究

梯度分析方法最早应用于植被生态学，研究城市化对植物分布和生态系统的影响。景观格局的空间梯度是指沿着某一方向景观特征有规律地逐渐变化的空间特征（邬建国，2000），即沿着“自然景观—农业景观—城郊景观—城镇景观”的土地利用景观带，定量分析土地利用表现出的梯度变化。城市景观分析方面，张利权基于GIS的梯度分析与景观指数相结合，设计自西向东64km×6km和自南向北66km×6km两条样带，采用移动窗口计算景观指数，定量分析了上海市城市化的空间格局（张利权，2004）；流域景观分析方面，王辉采用TM遥感影像，设计以城市中心为原点沿东西和南北方向布设30km×3km的生态样带，通过移动窗口取样对景观水平和类型水平进行定量分析，从而研究不同土地利用类型随梯度变化的空间格局；同样张慧霞在绿地景观分析（张慧霞，2006）、张志在林地景观分析（张志，2005）也做过景观梯度分析。从文献分析来看，景观梯度分析主要有以下两种方法：

1. 缓冲区法（Buffer）

主要是通过Arcgis或者Mapgis软件，对研究区域以等距间隔做缓冲区，建成缓冲带，利用Fragstats计算软件，分别计算各缓冲带内景观及景观类型指数，分析景观的缓冲区梯度变化特征（姜鲁光，2003）。

2. 移动窗口法（Set window）

主要是通过Arcgis或者Mapgis软件，对研究区设置不同方向的样带，并将样带划分为同样大小的样方，采用移动窗口方法，计算各样方的景观格局指数，运行的结果为一个连续的趋势表面，能较好地反映局部景观指数的梯度分布情况（吴燕梅，2007）。

第三节 研究内容及研究方法

一、研究目标与主要内容

研究的总体目标为：在县域尺度上，研究浙江安吉土地利用/覆被变化的动态过程和时空结构分异特征，基于驱动因子分类、选取、诊断和CLUE-S模拟模型的研究，对研究区域土地利用/覆被进行模拟，并对过去与未来的地类景观梯度进行对比分析与评价，有利于提高预判土地利用和土地覆被变化的能力，促进土地集约利用和科学决策，从而实现区域土地资源承载和可持续促进社会经济和谐有序发展。基于此，本研究的主要内容有以下 4 个方面：

（一）动态过程与结构分异

基于 1998 年 11 月、2003 年 7 月和 2009 年 6 月的 Landsat TM5 遥感影像，结合地形图（1∶5 000正射影像图、1∶10 000地形图）和野外调查数据（点状 GPS 数据），通过 ENVI 和 ArcGIS 平台，获得 3 期土地利用/覆被图，采用土地利用动态度模型、土地利用扩展程度综合指数、土地利用转移矩阵等地理计量模型，分析 1998—2003 年和 2003—2009 年浙江安吉土地利用/覆被的动态变化过程和时空结构分异特征。

（二）驱动因子分类、选取与诊断

基于相关研究文献分析，结合研究区自然条件、社会经济和野外调查，利用典型性相关分析法，对研究区土地利用变化的外在驱动因子进行定量分析，诊断各驱动因子对研究区土地利用变化格局形成的贡献作用大小，同时运用典型相关系数分析和冗余度分析，对结果进行检验，获得研究区域主要驱动因子。

（三）LUCC 模拟与预测

深入研究土地利用/覆被变化模拟模型—CLUE-S 模型，基于 Logistic 回归模型，获得各单一土地利用类型与驱动因素之间的关系，以 1998 年土地利用/覆被数据为基期，对 2009 年土地利用/覆被数据进行模拟与验证，并在四种情景的土地利用/覆被需求下，对 2025 年土地利用/覆被数据进行模拟。

（四）LUCC 景观格局评价

基于景观生态学方法与理论，采用 1998 年、2009 年和 2025 年四种土地利用/覆被模拟数据，采用移动窗口法，设立东—西与南—北两个方向梯度廊道，采用 8 种景观指数对研究区域土地利用/覆被的过去与未来地类景观格局进行对比分析与评价。

二、研究方法与技术路线

本研究采用野外调查与文献研究相结合的方法，通过大量的土地利用/覆被时空动态变化研究、时空变化模拟研究和土地利用/覆被景观格局研究的文献分析，结合本研究的研究对象、研究目的、数据结构等制定研究技术路线（图 1－1）。

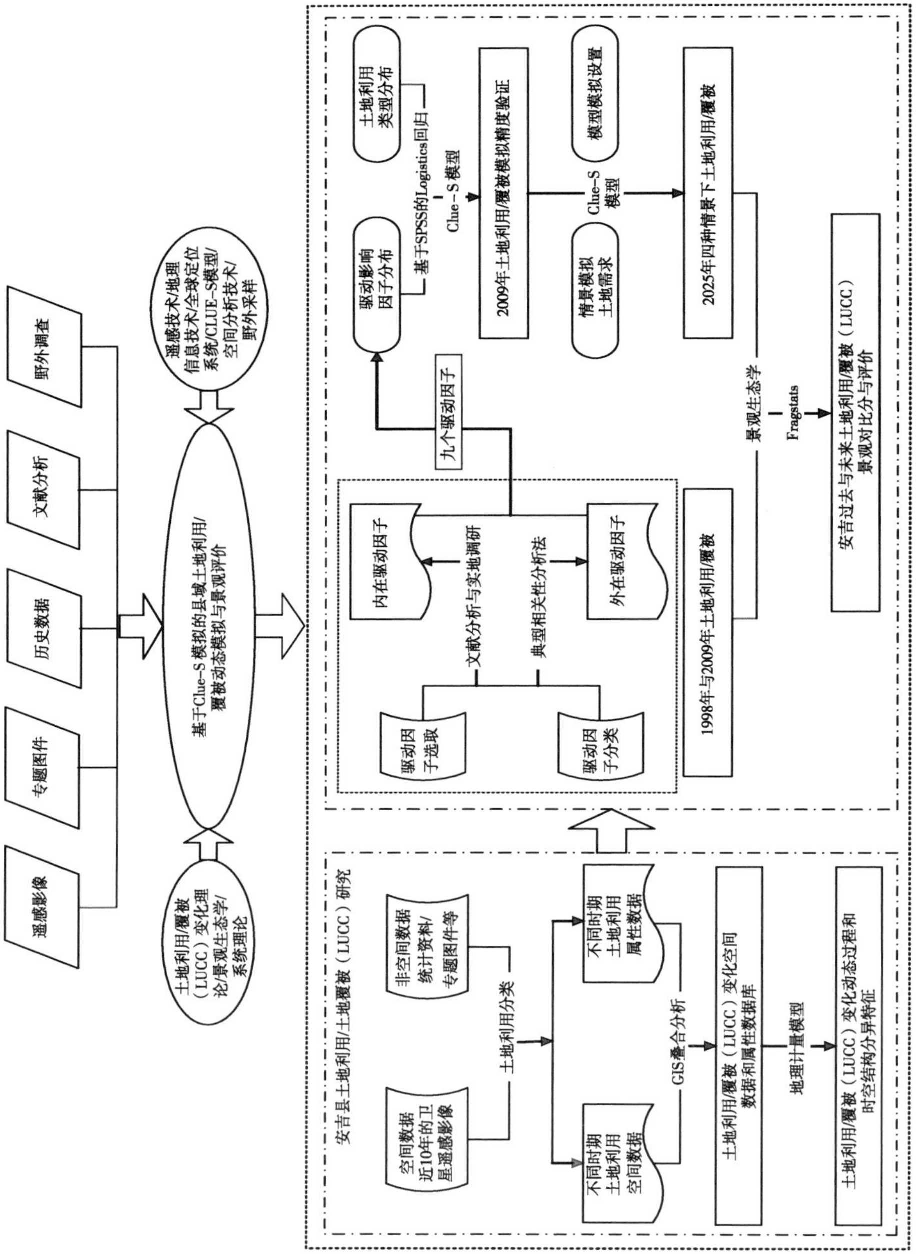

遥感影像
专题图件
历史数据
文献分析
野外调查
土地利用/覆被（LUCC）变化理论/景观生态学/系统理论
基于Clue-S模拟的县域土地利用/覆被动态模拟与景观评价
遥感技术/地理信息技术/全球定位系统/CLUE-S模型/空间分析技术/野外采样
安吉县土地利用/土地覆被（LUCC）研究
空间数据 近10年的卫星遥感影像
非空间数据 统计资料/专题图件等
土地利用分类
不同时期土地利用空间数据
不同时期土地利用属性数据
GIS叠合分析
土地利用/覆被（LUCC）变化空间数据和属性数据库
地理计量模型
土地利用/覆被（LUCC）变化动态过程和时空结构分异特征
驱动因子选取
驱动因子分类
内在驱动因子
外在驱动因子
文献分析与实地调研
典型相关性分析法
九个驱动因子
驱动影响因子分布
土地利用类型分布
基于SPSS的Logistics回归
Clue-S模型
2009年土地利用/覆被模拟精度验证
情景模拟土地需求
Clue-S模型
模型模拟设置
2025年四种情景下土地利用/覆被
1998年与2009年土地利用/覆被
景观生态学
Fragstats
安吉过去与未来土地利用/覆被（LUCC）景观对比分与评价

图1-1 研究技术路线

第二章 研究区背景及其数据处理和分析

第一节 研究区的位置和范围

安吉县地处浙江省西北部，长三角腹地与天目山北山麓（图2－1），位于东经119°14′～119°53′和北纬30°23′～30°53′。属于太湖流域中部丘陵区，北临近太湖，境内天目山脉横亘。周边与浙江省长兴县、湖州市吴兴区、德清县、杭州市余杭区、临安市和安徽省宁国县、广德县为邻。安吉县总面积1 904km^2，行政区由1996年28个乡镇合并为2011年的15个乡镇（表2－1），社会经济与土地利用数据均按照2011年行政区划进行统计与描述。

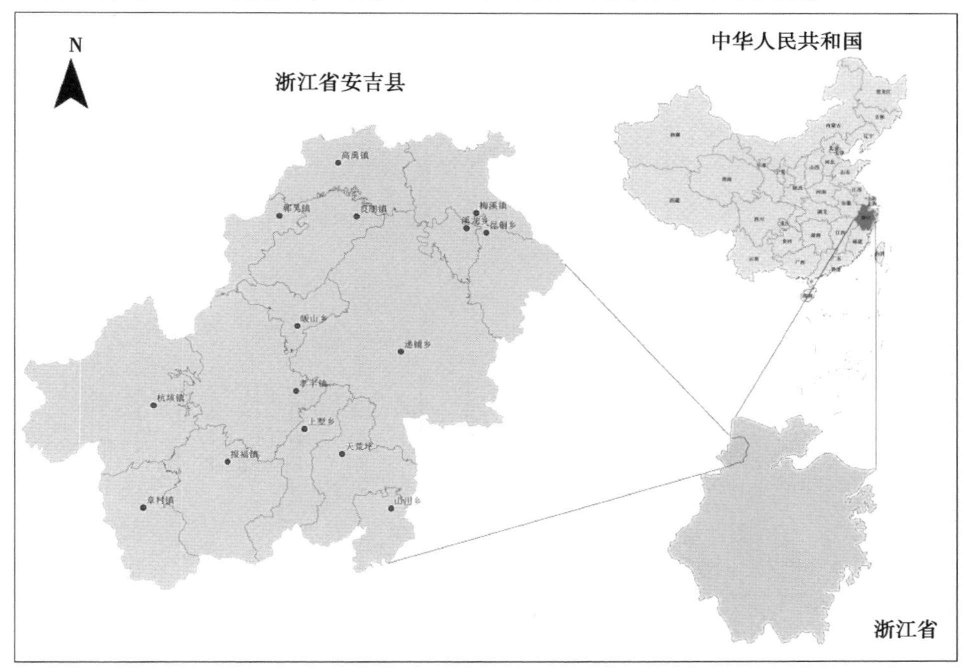

图2－1 浙江省安吉县区位

表 2－1　1996—2011 年浙江省安吉县行政区划调整

1996 年	乡镇	2011 年	乡镇
1	递铺镇	1	递铺镇
2	凤凰山		
3	南北庄		
4	三官镇		
5	塘浦镇		
6	安城镇		
7	梅溪镇	2	梅溪镇
8	晓墅镇		
9	昆铜镇	3	昆铜镇
10	溪龙镇	4	溪龙镇
11	良朋镇	5	良朋镇
12	西亩镇		
13	鄣吴镇	6	鄣吴镇
14	高禹镇	7	高禹镇
15	南北湖		
16	杭垓镇	8	杭垓镇
17	永和镇		
18	缫舍镇		
19	孝丰镇	9	孝丰镇
20	下汤镇		
21	报福镇	10	报福镇
22	章村镇	11	章村镇
23	皈山镇	12	皈山镇
24	天荒坪镇	13	天荒坪镇
25	赤坞镇		
26	港口镇		
27	上墅镇	14	上墅镇
28	山川镇	15	山川镇

第二节　自然环境概况

一、气象条件

安吉县具有中亚热带向北亚热带的过渡性，天目山脉从南端折向东部和西部，形成弧形包围圈，气候上既有“立体气候”的特征，又有限于“屏障作用”的制控特点。整个区域气温分布具有垂直分层的特点，呈现立体气候特征，主要体现在两个方面：

1. 温度受海拔影响较大，随高程增高，温度递减，尤其是积温上的影响较大（表2－2）。小气候特征明显，极值温度差异大，盆谷地性气候特征明显，冷热空气易进难处，且在盆谷浑处凝聚，出现极端温度与长时间的持续低温期。据气象资料显示，极端最高气温为40.8℃，极端最低气温－17.4℃，初霜期11月10日，终霜期3月28日，无霜期为226天，年平均相对湿度为81%，年合计平均日照时数2 005.5h，年辐射总量为448.8J/cm^2，年平均降水量为1 334mm（表2－2）。

表2－2　浙江安吉气温垂直分布统计

海拔高度（m）	年平均气温（℃）
小于200	15～16
200～400	13.4～15
400～700	12.5～13.5
大于700	12

（根据《安吉土壤》整理）

2. 日照受到山体的影响，不同坡向，日照差异较大，具有明显的垂直气候差异。长期以来，安吉县多年平均气候相对稳定，年平均气温基本维持在15.5°，最热月份为7月，平均气温为28.1°，最冷月份为一月份，平均气温为2.7°。地形结构对雨量与蒸发量分布有较大影响，年平均降水量在1 100～1 900mm，多雨量区集中分布在西南山区，如港口镇、报福乡等以南，年平均降水量为1 500～1 900mm，北部梅西镇、晓墅镇一带，年降水量平均在1 250 mm以下，是全县少雨区，而中部递铺镇、孝丰镇年平均降水量在1 400mm左右。雨量与蒸发量还同时具有季节性变化的规律，四季呈现明显的气温变化和干湿交替变化，促进了土壤的发育，加剧了土壤的淋溶淀积作用。

二、地形条件

安吉县是集山、丘、岗、谷、沟、盆地和平原多种地貌类型组合的山地县。地势总特征是：南部高山峻岭，东西部边缘低山环抱，中部丘陵低缓起伏，朝中部和东北方向递降倾伏，倾入太湖，最终形成三面环山，中部低缓，朝东北向开口的幅聚状盆地地形。自第三纪末开始的喜马拉雅运动，承袭了历史上地壳运动的替演，对天目山脉产生了较为深刻的影响，错综复杂的内外营力交替作用，赋予了安吉县地貌上的复杂性与结构上的多层性。按其分布范围和特征，归纳可划为五个类型（表2－3）。

表2－3　浙江安吉地貌与结构类型分类

区域	海拔	地质构造
南部中山沟谷区	平均海拔800m以上	侵蚀地貌特征，土层薄，石砾性强，多裸岩
低山峡谷区	主要分布500～800m	侵蚀和堆积两个方面都有发展，以侵蚀为主，土层较薄，石砾性较强，以火成岩为主发育土壤
中部丘陵宽谷区	主要分布400m以下	地形破碎，地貌特征表现多层结构，砾岩发育的丘陵地，涂层厚度差异较大
东部、北部河谷平原区	主要分布400m以下	主要是第四纪红土再积物，泥沙带少许花岗斑岩风化物，含沙量较高
岗地沟壑区	主要分布500～600m	第三系岗地母岩，紫色砂砾岩，岩性松弛，易风化，易侵蚀，多石砾和砂质

（一）南部中山沟谷区

该区域山岭平均高度在海拔800m以上，相对高度超过1 000m，分布于报福镇、上墅镇等，面积约47.68万亩，占全县总面积16.85%。区域内高峰林立、陡壁悬崖，1 000m以上的山峰有78座，构成天目山脉的主体部分，在陡坡处，土层薄，石砾性强，多裸岩，高耸的山体横列南端，俨似一排天然屏障，阻隔山南与南北的通融，给生态环境、气候，特别是农业生产产生了深刻的影响。水田单块面积小，田与田之间高差大，田埂所占比重较高，高山谷地和陡坡上则均被垦植为水田。

（二）低山峡谷区

该区域由两支低山组成，弧形排列于东缘和西缘，条块状南北向排列，两列低山与南部中山连成环形，构成了县域高凸的盆缘轮廓。在东部低山亚区，区内河谷地貌较中山的深切沟谷开阔平缓，但仍较狭隘，山峰坡度较大，土层也较薄。地势东部高峻，渐向西北倾覆，谷地比降也逐渐平缓，发育的水稻土、剖面较完整；在西部低山亚区较东部低山亚区山势要高，低丘顶部开垦为水田，土质较为稳定，土壤厚度较大，且沙砾含量也较低，给水稻土的发育提供了有利的基础条件。

（三）中部丘陵宽谷区

主要以400m以下的丘陵构成，主要构造盆地有孝丰盆地、山河盆地、罗村盆地以及沙区头盆地。由于长时期受到地壳升降运动交叠、断裂和侵蚀，山体地形发生较大的变形和破碎，海拔越高平面越不完整，而低山、丘陵则保持了较完整的格局，所以整个区域多层结构的地貌特征在本区内表现明显，成层性的地貌构型。

（四）东部、北部河谷平原区

孝丰东山以下河谷地形豁然开朗坦荡，比降减少，河床开阔。沉积物从递铺的8m到梅溪荆湾口10m深度。苕溪两岸的新老河漫滩，主要分布于浑泥港流域的河谷平原，深陷于山丘丛中，受山丘环抱，既是水量集中的区域，又是构成具有陆相小气候特征的因素，水冷土温低，是长时期阻碍作物高产的障碍因子。浑泥港河谷平原与苕溪河谷平原，不仅在地貌上而且在母质来源上都有极大差异，浑泥港河谷平原处在岗地地貌中，相对高差较小，平原高程在8～15m，岗地高程在25～50m。

（五）岗地沟壑区

该区域地貌与天目山山地地貌有明显差别，属于宣朗广岗地地貌的延续，岗间冲沟发育，岗背圆浑平缓，呈现长条状排列，植被破坏造成片状侵蚀，水土流失严重，易风化，易侵蚀。区内良朋与南北湖乡范围的岗地收到古洪积物覆盖，发育的土层较深厚。

三、水系条件

安吉县位于太湖西南，境内主要河流为西苕溪，发源于永和乡狮子山，至梅溪镇小溪口出县境，主流全长110.75km，由西南向东北流贯全县，汇聚境内全部溪流，主要支流有南溪、龙王溪、浒溪、里溪、晓墅港和浑泥港6条。河流呈山溪性特征，源短流急，谷地狭小，河床比降大，溪水涨落大，年内洪枯变化大。多年平均水资源总量14.58亿m^3，其中地表水12.36亿m^3，主要来源于天然降水；地下水2.22亿m^3，由于地质地貌条件比较复杂，造成地下水分布不均，地区性差异较大，在山丘主要为裂隙水，山间河谷平原地区主要为孔隙水。按照地形、地貌、水旱灾害、水利化方向等原则，全县划分为5个主要水利化分区（表2－4）。

表 2-4　浙江安吉水利划分

分区名称	总面积（km^2）	总人口（万人）	区域范围
西南部山地丘陵易旱区	507	7.08	永和乡、杭垓镇、缫舍乡、章村镇、报福镇
中部丘陵易旱行洪区	371.22	48.48	孝丰镇、皈山乡，塘浦、丰食溪、三官、递铺镇（5乡镇今均划归递铺镇和经济开发区管辖）
西北部浑泥港流域易洪易旱区	258.67	6.87	鄣吴镇、高禹镇、良朋镇、西亩乡、省南湖林场
东北部西苕溪河谷平原洪涝区	206.89	8.31	梅溪镇、安城镇、溪龙乡、龙山林场
东南部山地丘陵易旱易洪区	542.56	8.01	山川乡、上墅乡、天荒坪镇、灵峰寺林场、昆铜乡，凤凰山、南北庄（2乡今划归递铺镇）

四、土壤条件

安吉县由南到北由高到低，土壤历史演变序列十分清楚。从平原向上沿山脉的山坡发生着气候环境和植被的演变，土壤与植被的垂直分布规律与垂直地带性规律相吻合，成土过程的年龄随地区高度而变化，山的高部位被侵蚀得较厉害，风化壳覆盖得最少，而山的中下部，特别是山麓和山谷的平原，以及地形较为平缓，风化壳则被保存得较多。经过几千年的农作历史，在自然土壤的基础上，形成了耕种土壤，随着人为的耕作制度的发展，其肥力演变显示出明显的人为定向培育特点，自然土壤原有的某些特性逐步削减，表现出明显的“范域化”特征。因此，地貌上的复杂性、地质上的分异性，导致了土壤形成上和分布上的复杂性和多异性，同时具有区域过渡性特征。在土壤分类上呈现地带性上的两个规律性特点：

（1）在山地土壤的分布上呈现较强的垂直分布规律。600m 以上黄壤，表层烂腐植质层形成，土壤剖面黄化，明显转为黄棕色；600m 以下很少有粗腐植质层次形式，土色变深变红，表层有机质含量减少，随海拔的递降，由黄红壤向红壤过渡；

（2）在水平分布规律上，由于安吉所在地具有中亚热带向北亚热带的过渡性，因此在土壤水平带上的分布也具有这种过渡性特征。

基于县域土壤资源、植被资源、地貌类型以及资源形态，依据土壤组合性上的连续性、农业生产利用和土壤肥力的相似性，将全县土壤划分为四大改良利用区：

（1）北部丘岗酸性紫色土综合治理区。主要分布在县域西北部，以丘岗沟壑为地貌特征的区域，但高差较小。占地面积约 30.2 万亩，占全县面积的

10.68%，厚度变异较大，区域水稻土分布面积较大，也是县域面积连片集中的主要粮食产区。土壤渗水性差，形成土体内滞水，应推行稻草还田，种好冬季绿肥，提高绿肥产量，结合农业产业结构改革，扩种豆科作物，抓好冬闲田的冬耕晒垡，加速土壤分化和有机质的矿化作用；

（2）苕溪河谷冲积土改良区。该区域贯穿县域心脏地区，包括苕溪的主要支流西溪、南溪、大溪、港口溪的宽谷和西苕溪主流的河谷平原。占地面积约22.52万亩，占全县耕地的7.96%，是全县水稻土面积最大的区域，地势低平粗荡、水源充足、光热条件优越、土壤质地适中、土层深厚，是整个县域高产稳产良田分布面积较大的区域；

（3）中部丘陵黄泥砂土开发利用区。位于县域中心，西苕溪贯穿其间，将该区域分割成东、西、南三大块。土层不厚，富含砂砾和岩石碎屑，山势坡度较陡，仅在平缓的坡地土层较深厚。南片则以老地层构成，山势平缓，地形破碎；

（4）东南部中低山黄泥土改良区。位于县域南部，地势高峻，高差悬殊，沟谷较深，以山地土壤为主，水稻土面积较小，人均耕地仅占0.89亩。整体林相完整，毛竹生长繁密，由于植被保护较好，水土保持也相对完好，山地土壤的表层都有粗腐植质层的发育，疏松层有机质丰富，该区域也是毛竹林集约程度最高的区域。

五、植被条件

安吉县处于杭嘉湖平原向浙西山地过渡的地带，加之境内地貌多样，结构多层，赋予动植物生长的多宜性，生物属种南北兼蓄，种类繁多。全县植被以森林植被为主，随海拔的变化，呈现垂直分异规律分布特点（表2-5）。

表2-5　浙江安吉不同海拔高度主要植被类型

海拔高度	主要植被类型
50m以下	主要农作物，河滩地有较多的小竹。
50~500m	较大面积的毛竹林，小竹林及青冈、白栎等常绿阔叶林，还有马尾松、杉树等常绿针叶林或常绿落叶针阔混交林；人工植被有杉木、国外松、马尾松、毛竹、小竹、油茶、油桐、桑、茶、果等
500~900m	天然植被有毛竹林，小竹林和常绿落叶阔叶林；人工植被有柳杉、檫树、杉木、金钱松等
900m以上	天然植被有黄山松、金钱松、天目玉兰、鹅掌楸、青钱柳等常绿落叶的针阔叶林
1 000m以上	有芒草灌丛。石竹、箬竹、苦竹在1 000m左右也有分布

森林植被中以竹林为首，竹林面积81万亩，竹林广布，竹种众多，以县为单位居全国第一位，其中毛竹林面积65.4万亩，居全国第二位，毛竹蓄积量及年供商品竹均居全国之首，主要分布在县境东南、西南低山区和丘陵区，沿山脉走向，自南向东北、西北两翼呈V形展开，其垂直分布，主要海拔100～500m的丘陵，上限可达978m的山地。

第三节　社会经济概况

一、经济水平

自1990年以来，安吉县生产总值年均增速达到17%，但与浙江省平均水平相比还是落后了24%，各项经济指标在湖州市区的排名也较为靠后，因此，“偏于一隅”的区域地位使县域的经济发展速度偏低。但是，反观安吉县近15年的经济增长，虽然不可避免地受到了宏观经济走势的影响，但其发展路径也更为稳健，没有出现大起大落的极端情况。依靠挖掘自身的资本和资源条件，摸索出了一条与众不同的稳健发展道路，主要表现在其产业结构的“内源性”和“关联性”特征，同时也表现在其稳步增长的用地集约率水平上。从1996—2004年（图2－2，图2－3），其单位建设用地（包括独立工矿、城镇、农村居民点、交通用地等）固定资产投资、产出以及工业用地产出均呈现出稳步增长的态势，同时，在与周边乡镇的比较中，安

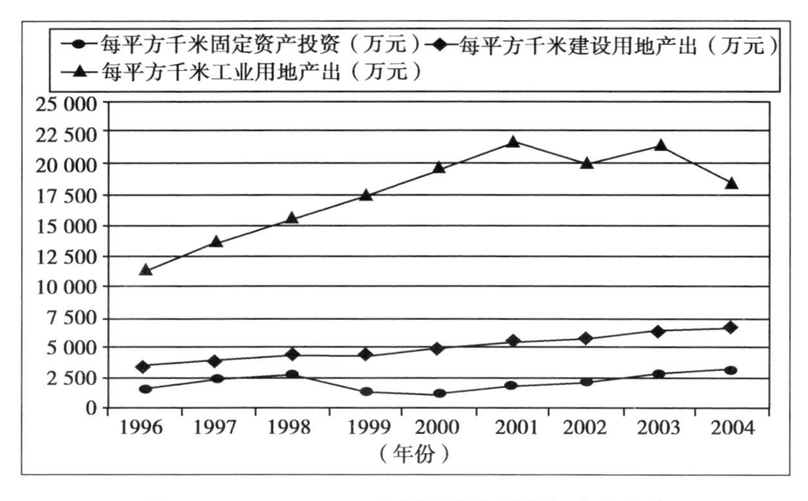

图2－2　1996—2004年用地单位投资与产出曲线

吉在规模以上工业效益水平、单位面积工业用地产出率两项指标上分列全市第三和第二位（图2－4），也显示出了较高的用地集约率水平。目前安吉正处于基础产业支柱化、主导化和非基础产业发展阶段，产业结构呈现出产业纵深发展不足（图2－5）。

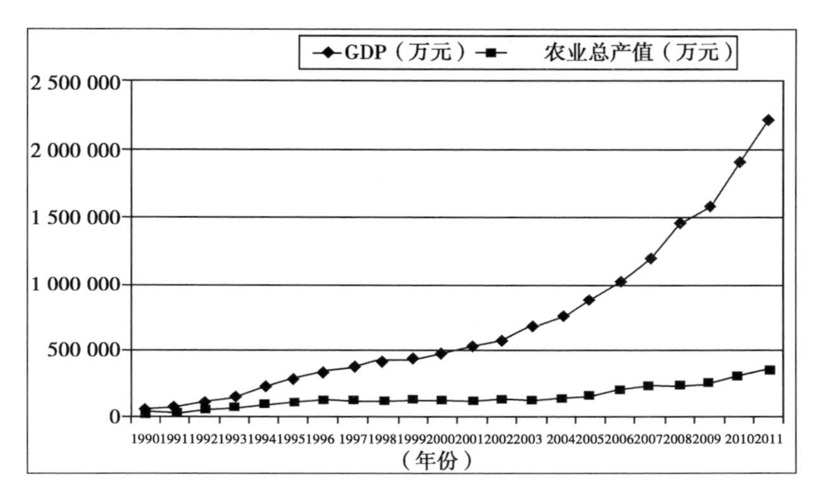

图2－3　1990—2011年GDP与农业总产值趋势

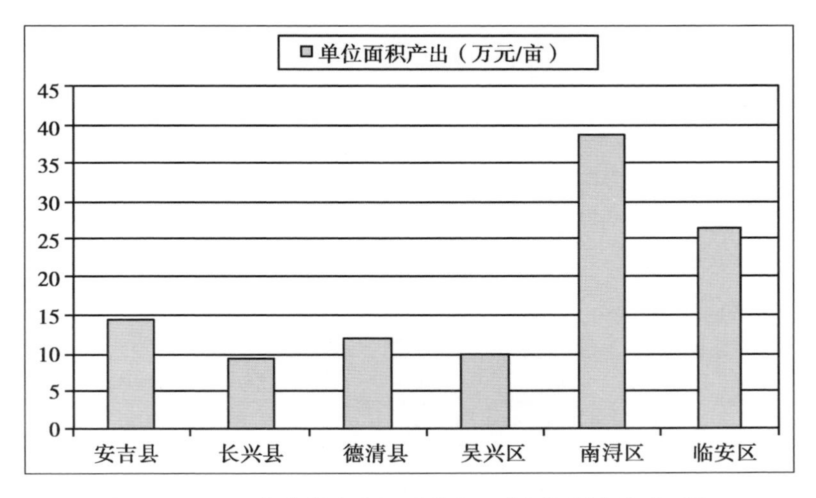

图2－4　2003年湖州市各区县单位工业用地面积产出对比

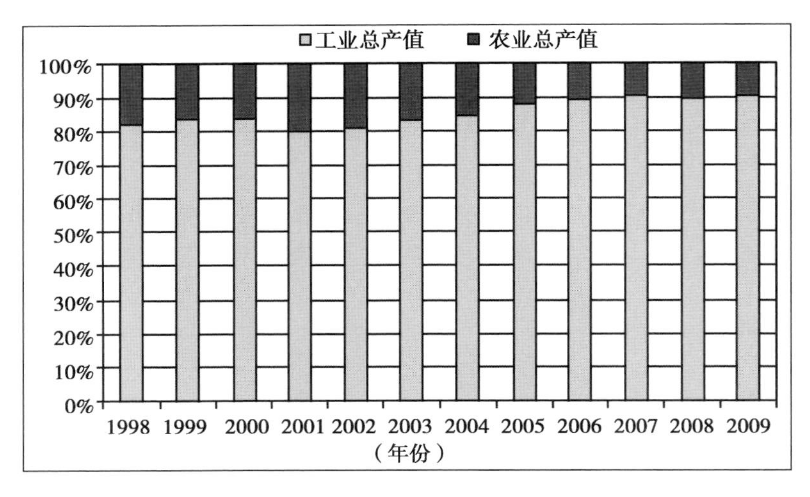

图 2－5 1998—2009 年安吉工农业产值百分比对照

二、人口水平

从相关文献分析可以知道，人口变化是影响区域土地利用变化的重要因素。在正常情况下，人口变化主要由两方面原因引起：一是人口的自然增长；二是人口迁移。这两种因素既可以单独起作用引起区域人口的变化，也可共同作用引起人口增长或者减少。人口增减在一定程度上改变人类活动在该区域的频繁程度，驱动一个地区土地利用的变化。因此，人口水平的变化对研究土地利用变化具有十分重要的意义。

1998—2009 年（图 2－6），浙江安吉的总人口数量发生了有增有减的变化，整

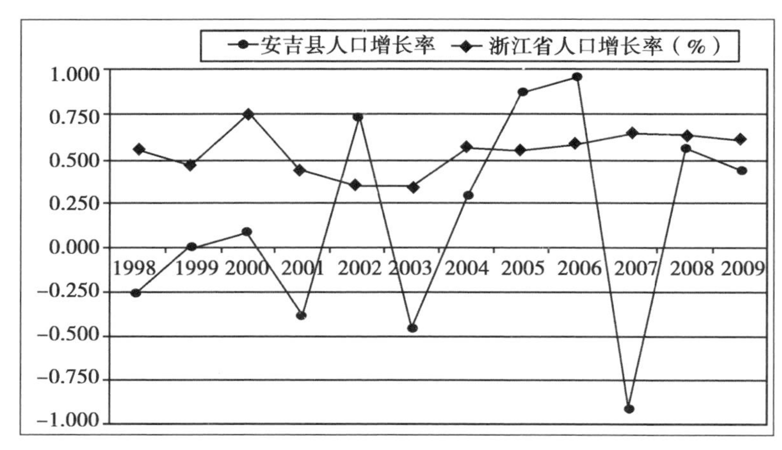

图 2－6 浙江省与安吉县总人口增长率曲线

个浙江省的人口增长率基本维持在0.5%上下波动，较为平稳，而安吉县的增长率变化波动较大，呈现出一种跳跃性，部分年份呈现负增长，但是增长率数值较小，引起的具体人口总量变化较小，所以人口总量变化基本保持在一个较小范围。浙江省农业人口增长率基本在 -1% 上下波动（图2-7），总体趋势呈现一个负增长，农业人口数量整体每年是下降趋势，安吉县农业人口变化在2001年呈现出一个节点，负增长率达到6%，此后整体水平保持较为平稳，有增有减，但是基本维持在36万农业人口这样一个规模。所以浙江省安吉县从农业人口与总人口变化比例上来讲，仍然是属于一个以农业为主的农业大县（图2-8）。

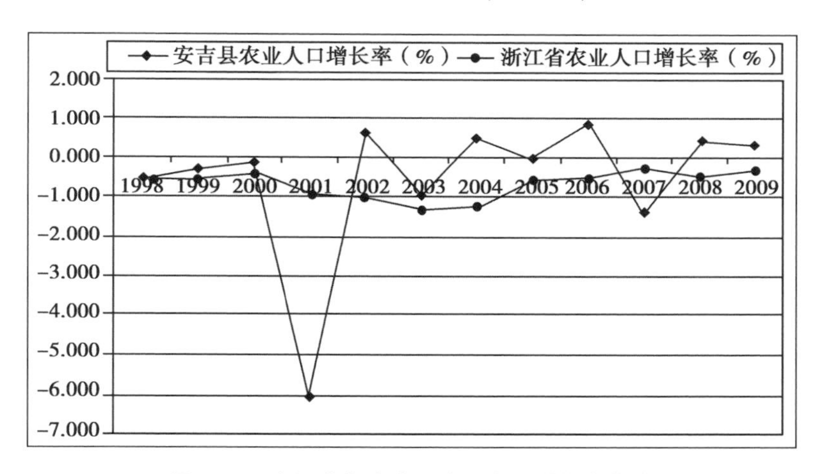

图2-7　浙江省与安吉县农业人口增长率曲线

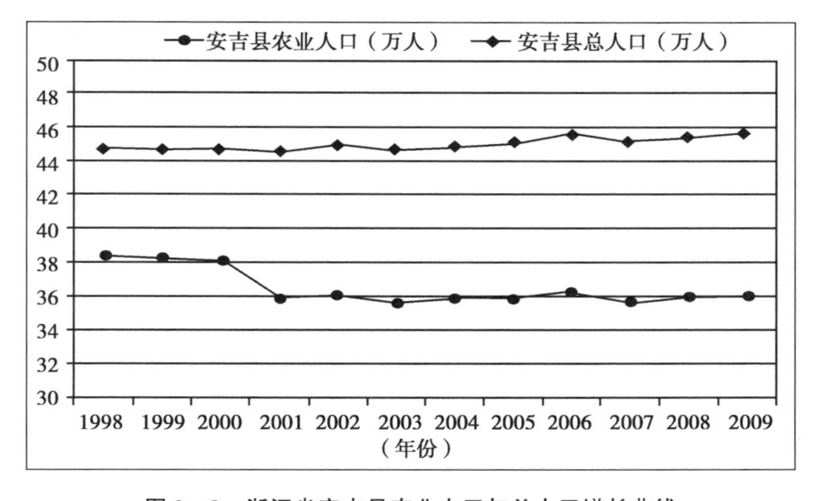

图2-8　浙江省安吉县农业人口与总人口增长曲线

三、城镇化水平

近几年安吉城镇化建设呈现“强中心”和“高首位”的特征，主要表现在经济发展在县域空间分布上呈现集中化趋势，同时还表现在较高的城镇化水平和城镇首位度上。

从经济发展在县域的空间分布情况来看，安吉县经济发展水平呈现出明显的“极核”+“圈层”分布态势，县城所在地递铺镇一枝独秀，与之相邻的孝丰、溪龙、天荒坪等乡镇紧随其后，欠发达乡镇普遍分布在县域外围，造成这种分布情况的原因一方面是由于自然、地形条件的限制，南部乡镇多为山地，而北部主要为湖田平原和水网地带，同时还担负着一定的滞洪功能；但更重要的原因是中心城市强大的“磁吸”应，使区域人口、产业均呈“向心集聚”的分布形态，造就了中心城市经济总量的一枝独秀。

经济的集中化与人口、建设用地的集中化相辅相成，同时也造成了安吉“强中心+特色镇”的城镇体系格局：

（1）县城、孝丰作为全县人口的主要集中地，形成了较为综合的城市功能，而其他城镇大多为资源依存型（竹、茶、旅游资源）城镇，功能较为单一；

（2）西南部城镇受地形条件限制发展普遍较为缓慢；

（3）东北部乡镇（高禹、良朋、梅溪、溪龙、昆铜）由于地处县城半小时交通圈内，发展速度明显较快，同时北部各乡镇也是县域主要的产粮区，并兼有滞洪功能，建设用地受限较多。高禹、良朋形成了较为综合的功能，梅溪、溪龙（县域主要的白茶产地）、昆铜受到湖州地区的辐射影响较为明显，最终形成资源依存型工业与产业转移型工业并存。

四、生态建设水平

2006年6月5日，国家环保总局在北京命名了全国首批国家生态市（区、县）和全国环境优美乡镇，安吉是浙江省唯一获“国家生态县”称号的区县。此外，安吉的章村、天荒坪等乡镇获“全国环境优美乡镇”称号，使全县“全国环境优美乡镇”总数达到12个，占全部乡镇的80%。同时，安吉还在县域范围内确立了5个生态保护区（表2-6），在保护区内禁止一切破坏生态建设的活动，进一步巩固了安吉核心生物资源的生存条件。

表 2－6　安吉县自然生态保护区

保护区名称	涵盖范围	面积（km^2）
龙王山自然保护区	章村镇龙王山	7.66
灵峰古树古木自然保护区	递铺镇西灵峰山	10.61
梅坞里阔叶林自然保护区	昆铜乡梅坞里	7.34
横坑坞白茶自然保护区	天荒坪镇横坑坞	4.79
董岭金钱松自然保护区	上墅乡董岭	2.18

通过长期生态环境保护与建设，安吉县域内干流水质常年保持Ⅲ类以上，空气质量农村达到国家一级标准、城镇在二级标准以内。同时，近几年来安吉不断加大对城市绿化和生态环境建设的力度，全方位启动了以绿化、育林、退耕还林、森林进城为特征的“绿色工程”，并建成纵贯全县省道两侧 30m 的“百里绿色长廊”和 100 万亩生态公益林。因此，“生态立县”战略已成为安吉区域竞争的最大特色与优势，在保护生态的同时发展经济，已经形成一定的“生态红利”。

第三章 研究区土地利用变化过程与特征分析

第一节 数据来源与处理

遥感作为20世纪60年代发展起来的科学技术，具有获取的信息面积大、实时性强、速度快、周期性和准确可靠等优点。国内外学者利用遥感技术在土地利用及其动态变化研究上已经取得了大量有益的成果（张自宾，2008）。本研究采用1998年11月、2003年7月和2009年6月的Landsat TM5影像来分别获取这3个时期的土地覆被信息，采用4、5、3波段合成假彩色影像能较好的区分不同的土地覆被类型。在影像解译前，分别对影像进行光谱增强、几何纠正等处理，误差控制在0.5个像元以内，在使用数据前根据研究区域范围进行影像的裁剪。此外，在影像解译的过程中数据使用还包括数字正射影像数据、地形图、GPS数据（表3-1）。精度评定结果表明，1998年、2003年及2009年安吉县土地利用/覆被总体精度依次为93.10%、91.82%和95.65%，总体精度均在90%以上，可以满足土地利用动态变化分析的数据要求。2009年精度评定结果最佳，是由于该年份样本数据及质量较其他年份好，采用实地采样数据和高分辨率Google Earth影像数据制作而成。

表3-1 主要数据来源

数据名称	数据规格	数据来源	获取时间（年）
Landsat TM5影像	分辨率30m	中国科学院地理空间数据云	1998、2003、2009
正射影像地图	1:5 000	浙江省安吉县国土局	2013
地形图	1:10 000	浙江省安吉县国土局	2013
GPS数据	点数据	野外调查	2013

运用GPS进行野外实地调查，建立土地覆被的解译标志，考察路线主要是沿主要道路省道306、省道205、省道201、杭长高速和乡镇道路，共建立77个解译标志点（图3-1），由于整个区域东北是以河流冲击平地为主，南

部以山地为主，所以基本摸清研究区域主要地类的光谱特征。

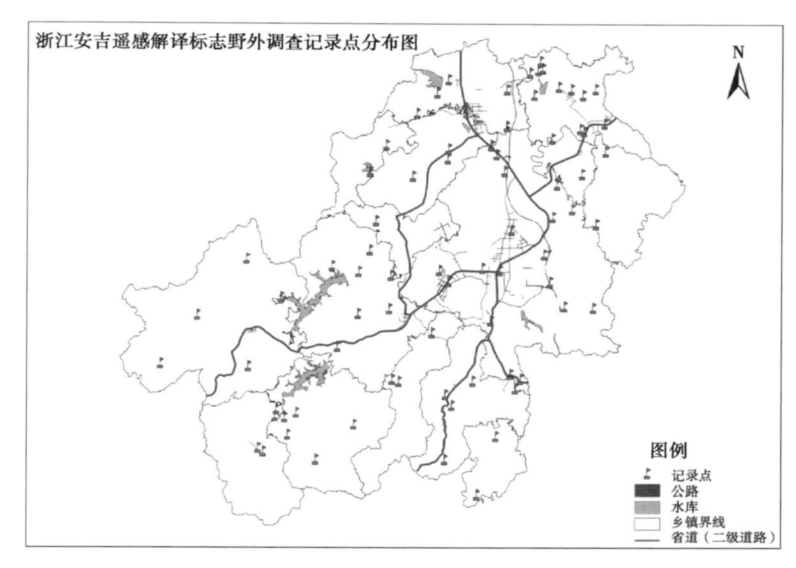

图3-1　浙江安吉遥感解译标志野外调查记录点分布

第二节　土地利用分类与解译

一、土地利用分类

根据研究区土地利用类型的数量和分布特征，以及进行土地利用变化空间模拟的需要，土地利用现状分类采用二级分类系统，第一级分为5类，第二级分为15类（表3-2），并将原土地利用数据类型进行合并，得到8个土地利用类型，其名称和编号分别是：水田—11、旱地—12、林地—2、内陆水域—3、城镇用地—41、农村居民点用地—42、其他建设用地—43、园地—5。

表3-2　浙江安吉土地利用/覆被现状分类

一级分类		二级分类		含义
编号	名称	编号	名称	
1	耕地	11	水田	指有水源保证和灌溉设施，在一般年景正常灌溉，用于种植水稻、莲藕等水生农作物的耕地，包括实行水稻和旱地作为轮种的耕地
		12	旱地	指无灌溉水源及设施，靠天然降水种植作物的耕地；以种菜为主的耕地；正常轮作的休闲地和轮歇地

（续表）

一级分类		二级分类		含义
编号	名称	编号	名称	
2	林地	21	有林地	指郁闭度>30%的天然林和人工林
		22	灌木林	指郁闭度>40%、高度在2m以下的矮林地和灌丛林地
		23	疏林地	指郁闭度10%~30%的林地
		24	其他林地	指魏成林造林地、迹地、苗圃及各类园地
3	内陆水域	31	滩地	指河、湖水域平水期水位与洪水期水位之间的土地
		32	河流	指天然形成或人工开挖的河流及主干渠常年水位以下的土地
		33	水库	指人工修建的蓄水区常年水位以下的土地
		34	湖泊	指天然形成的积水区常年水位以下的土地
4	城乡、工矿及居民点用地	41	城镇用地	指大、中、小城市及县镇以上建成区用地
		42	农村居民点用地	指农村居民点所占土地
		43	其他建设用地	指独立于城镇以外的厂矿、大型工业区、油田、盐场、采石场等用地及交通道路、机场和特殊用地
5	园地	51	园地	指种植果树的园地
		52	茶园	指种植茶树的园地

二、土地利用解译

浙江安吉土地利用解译大致分为影像获取与预处理、土地利用类型分类、野外调查解译标志建立、目视解译及精度评价等环节，主要流程见图3－2。

根据以上方案，基于表3－2的土地利用与覆被分类系统，利用监督分类方法实现3期遥感影像地类提取。以收集的1998年1：10 000土地利用现状图、2009年1：5 000正射影像地图作为参考数据，并应用GPS进行野外实地调查建立的77个解译标志点，辅助图像分类。研究随机抽取10%的解译数据像元与国土局获取的土地利用现状数据进行精度评价，其中遥感分类总体精度达到93.1%以上，可以满足土地利用动态变化分析的数据要求。

运用Arcgis分别获取浙江安吉1998年、2003年和2009年3个不同时相下的土地利用/覆被现状图（图3－3）和相应的不同土地覆被类型数据（表3－3）。

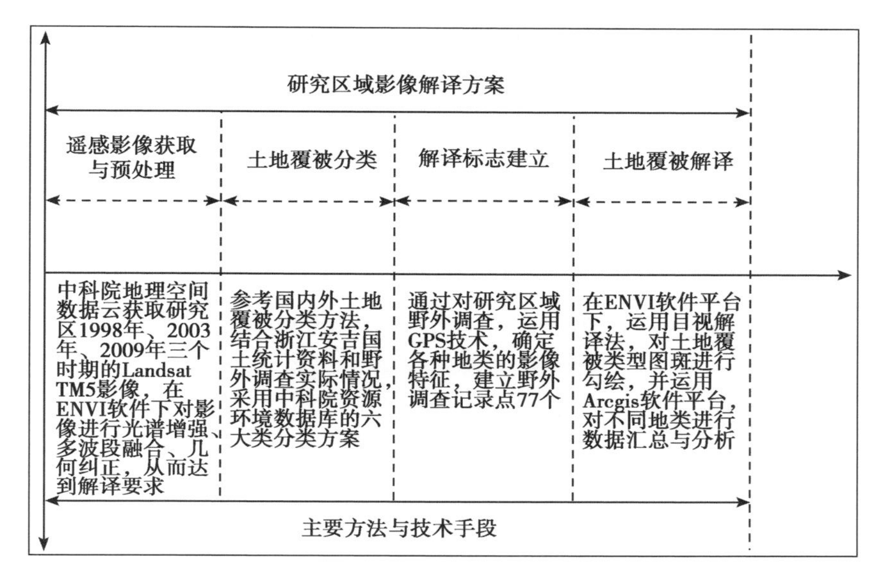

研究区域影像解译方案
遥感影像获取与预处理
土地覆被分类
解译标志建立
土地覆被解译
中科院地理空间数据云获取研究区1998年、2003年、2009年三个时期的Landsat TM5影像，在ENVI软件下对影像进行光谱增强、多波段融合、几何纠正，从而达到解译要求
参考国内外土地覆被分类方法，结合浙江安吉国土统计资料和野外调查实际情况，采用中科院资源环境数据库的六大类分类方案
通过对研究区域野外调查，运用GPS技术，确定各种地类的影像特征，建立野外调查记录点77个
在ENVI软件平台下，运用目视解译法，对土地覆被类型图斑进行勾绘，并运用Arcgis软件平台，对不同地类进行数据汇总与分析
主要方法与技术手段

图 3－2　浙江安吉土地利用/覆被遥感数据解译流程

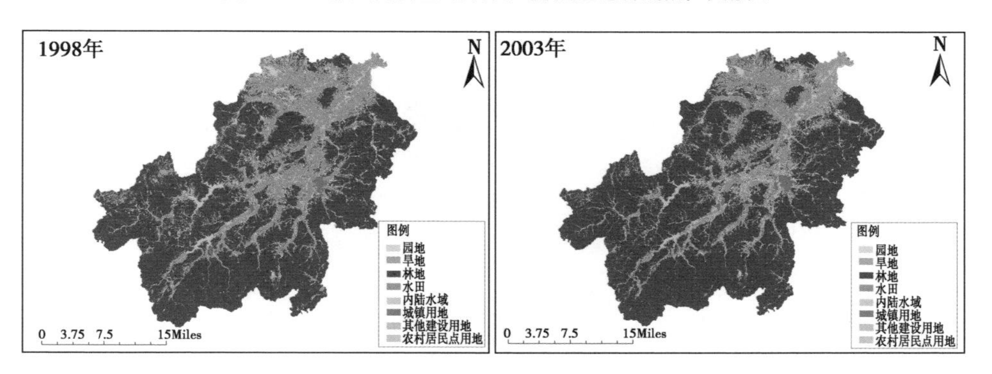

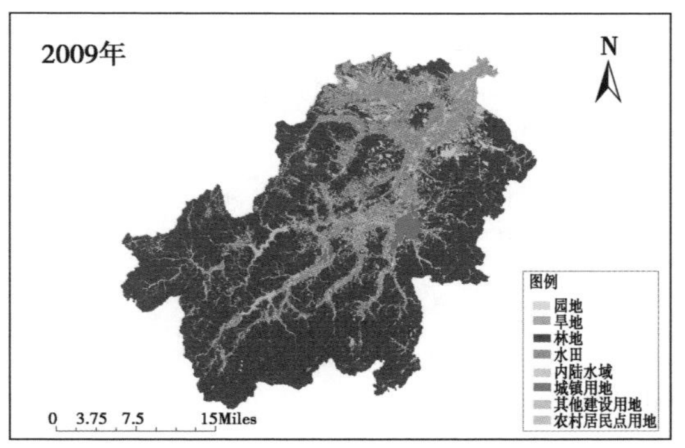

图 3－3　1998 年、2003 年与 2009 年浙江安吉土地利用/覆被空间格局

表 3-3　1998—2009 年浙江安吉土地利用/覆被结构

土地覆被类型	时间					
	1998		2003		2009	
	面积（hm^2）	百分比（%）	面积（hm^2）	百分比（%）	面积（hm^2）	百分比（%）
水田	37 535.06	19.72	27 225.05	14.30	26 355.83	13.85
旱地	7 823.57	4.11	12 697.55	6.67	11 942.50	6.27
林地	124 502.02	65.41	129 339.70	67.95	128 185.53	67.34
内陆水域	3 828.53	2.01	2 998.11	1.58	3 196.64	1.68
城镇用地	1 157.11	0.61	1 577.45	0.83	2 442.56	1.28
农村居民用地	8 601.55	4.52	9 733.96	5.11	10 582.31	5.56
其他建设用地	785.65	0.41	501.59	0.26	565.89	0.30
园地	6 115.73	3.21	6 275.82	3.30	7 077.97	3.72
合计	190 349.23	100.00	190 349.23	100.00	190 349.23	100.00

第三节　土地利用/覆被变化过程分析

一、分析方法

（一）土地利用转移矩阵

土地利用动态变化过程通常使用典型的对比分析研究（王秀兰，1999）。土地利用转移矩阵是分析系统状态与状态转移的定量描述，同时也能够了解不同时间区间各土地利用类型的流失去向与来源构成，因此能够较为全面的定量描述出不同时间段内土地利用的动态变化过程。

基于 3 个时相的土地覆被图，运用 Arcgis 平台，提取 1998—2003 年与 2003—2009 年两个时间区间的土地覆被转移矩阵。根据地图代数原理，本研究中土地覆被类型小于 10，因此采用地图代数方法具体公式如下：

$$C_{i\times j} = P_{i\times j}^{k} \times 10 + P_{i\times j}^{k+1} \qquad (公式 3-1)$$

$C_{i\times j}$ 为 k 时期到 $k+1$ 时期的土地覆被变化图中第 i 行 j 列新像元的值，直观的反应了土地利用变化的类型及其空间分布，据此计算反映土地利用类型相互转换定量关系的转移矩阵；P 表示 k 期的土地利用类型转变为 $k+1$ 时期各种土地利用类型的面积，即原始土地利用变化转移矩阵 $P_{i\times j}$（张永民，2004）。

P_{i+} 表示 T_1 时点地类 i 的总面积，P_{+j} 表示 T_2 时点 j 种土地利用类型的总面积，$P_{j+}-P_{ii}$ 为 T_1-T_2 期间地类 i 面积减少的百分比，$P_{j+}-P_{jj}$ 为 T_1-T_2 期间地类 j 面积增加的百分比（表 3－4）。

表 3－4　土地利用转移矩阵

		T_2				P_{i+}	减少
		A_1	A_2	---	A_n		
T_1	A_1	P_{11}	P_{12}	---	P_{1n}	P_{1+}	
	A_2	P_{21}	P_{22}	---	P_{2n}	P_{2+}	
	⋮	⋮	⋮	⋮	⋮	⋮	
	A_n	P_{n1}	P_{n2}	---	P_{nn}	P_{n+}	
P_{+j}		P_{+1}	P_{+2}		P_{+n}	1	
增加							

（二）单一土地利用转出率和转入率

某一种土地利用类型数量的变化是在研究期内转入和转出的综合作用结果。通过单一土地利用转出率和转入率来揭示单一土地利用转入和转出的情况。

单一土地利用转入率主要是反映某一土地利用类型在某一时期内由其他地类转化而来的幅度，公式：

$$M_i = \frac{\sum_{j=1}^{n-1} M_{ji}}{L_{tk}} \times 100\% \qquad \text{（公式 3－2）}$$

其中：M_i 为地类 i 在 t_0 到 t_k 时期内的土地利用转入率；M_{ij} 为在 t_0 到 t_k 时期内由地类 j 转化为地类 i 的面积；L_{tk} 是地类 i 在 t_k 时刻的面积；n 为研究区土地利用类型数量。

单一土地利用转出率主要反映某一土地利用类型在某一时期内转化为其他地类的幅度，公式：

$$T_i = \frac{\sum_{j=1}^{n-1} T_{ji}}{L_{t0}} \times 100\% \qquad \text{（公式 3－3）}$$

其中：T_i 为地类 i 在 t_0 到 t_k 时期内的土地利用转出率；T_{ij} 为在 t_0 到 t_k 时期内由地类 i 转化为地类 j 的面积；L_{t0} 是地类 i 在 t_0 时刻的面积；n 为研究区土地利用类型数量。

二、第一阶段：1998—2003 年

（一）变化特点分析

1998 年，浙江安吉的主要土地覆被类型为林地、水田和旱地，总共占研究区总面积约 89.24%，其中水田和旱地占总面积 23.83%，所以林地与耕地是研究区域主要的土地覆被类型。经过 5 年的发展，各种土地利用类型也发生了转移，但是林地、水田和旱地仍然占研究区总面积约 88.92%，其中水田和旱地占总面积 20.97%。所以，林地、水田和旱地 3 种土地利用类型仍然是研究区的主要类型。通过表 3－3，1998 年与 2003 年的各土地覆被类型面积的数据进行统计分析发现以下特点：

1. 耕地占地面积总体减少，水田减少面积明显，旱地有所增加。5 年间，水田占地面积从原来的 37 535.06 hm^2 减少到 27 225.02 hm^2，减少面积 10 310.01hm^2，比重从原来的 19.72% 下降到 14.3%，下降了 5.42%。旱地占地面积从 7 823.57hm^2 增加到 12 697.55hm^2，增加面积 4 873.98hm^2，比重从原来的 4.11% 提高到 6.67%，提升了 2.56%。因此，耕地占地总面积是减少了 2.86%，占地面积约 5 436.03hm^2。

2. 城镇用地与农村居民用地均有所增加。1998 年城镇用地与农村居民用地占地面积 9 758.66 hm^2，约占总面积 5.13%，2003 年两者占地面积 11 311.41hm^2，约占总面积 5.94%，占地面积增加了 1 552.75hm^2。其中农村居民用地增加明显，面积增加了 1 132.41hm^2。

3. 内陆水域和其他建设用地少量减少，园地有所增加。内陆水域从 1998 年 3 828.53hm^2 减少到 2003 年的 2 998.11hm^2，减少占地面积约 830.42hm^2。园地从 2003 年的 6 115.73 hm^2 增加到 2003 年的 6 275.82 hm^2，增加面积 160.09hm^2。

（二）转移过程分析

运用 arcgis 和 excel 软件。分析 1998—2003 年土地利用覆被的内部相互转移过程，从表 3－5 可以获得土地利用覆被主要转移类型及其之间的数量关系，主要有以下特点：

（1）1998—2003 年，浙江安吉不同土地利用覆被之间发生转移的面积总数为 36 306.78hm^2，占总面积 19.07%，基本上涵盖了各种土地利用类型之间的相互转移。其中，水田转移面积为 13 706.17 hm^2，占转移面积总数的 37.75%；林地发生转移面积为 4 434.47hm^2，占转移面积总数的 19.97%。因此，水田与林地发生转移面积占转移面积总数的 57.72%，贡献了一半以上的转移额度。其次，旱地、农村居民点用地和园地转移面积分别为 4 434.7hm^2、

表 3－5　1998—2003 年浙江安吉土地利用类型转移矩阵　（hm^2；%）

		2003 年								1998 年总计	减少
		城镇用地	旱地	林地	内陆水域	农村居民点用地	其他建设用地	水田	园地		
1998 年	城镇用地	842.19	17.75	7.31	4.55	243.21	17.93	20.25	3.66	1 156.84	314.65
	转入率	53.39	0.14	0.01	0.15	2.50	3.57	0.07	0.06		
	转出率	72.80	1.53	0.63	0.39	21.02	1.55	1.75	0.32	100.00	
	旱地	43.34	3 386.34	2 350.26	55.03	665.60	40.85	664.89	614.50	7 820.81	4 434.47
	转入率	2.75	26.68	1.82	1.84	6.84	8.14	2.44	9.79		
	转出率	0.55	43.30	30.05	0.70	8.51	0.52	8.50	7.86	100.00	
	林地	36.92	3 458.23	117 242.38	37.90	591.49	38.44	1 001.12	2 087.15	124 493.64	7 251.26
	转入率	2.34	27.25	90.65	1.26	6.08	7.66	3.68	33.27		
	转出率	0.03	2.78	94.18	0.03	0.48	0.03	0.80	1.68	100.00	
	内陆水域	16.32	176.32	187.29	2 502.50	239.65	77.68	579.54	48.52	3 827.82	1 325.32
	转入率	1.03	1.39	0.14	83.47	2.46	15.49	2.13	0.77		
	转出率	0.43	4.61	4.89	65.38	6.26	2.03	15.14	1.27	100.00	
	农村居民点用地	203.26	786.36	922.02	68.05	4 829.21	116.21	877.24	797.15	8 599.50	3 770.29
	转入率	12.89	6.20	0.71	2.27	49.62	23.17	3.22	12.71		
	转出率	2.36	9.14	10.72	0.79	56.16	1.35	10.20	9.27	100.00	

（续表）

		2003 年								1998 年总计	减少
		城镇用地	旱地	林地	内陆水域	农村居民点用地	其他建设用地	水田	园地		
1998 年	其他建设用地	7.22	307.25	267.20	1.87	81.07	14.09	28.63	78.22	785.56	771.47
	转入率	0.46	2.42	0.21	0.06	0.83	2.81	0.11	1.25		
	转出率	2.36	9.14	10.72	0.79	56.16	1.35	10.20	9.27	100.00	
	其他建设用地	7.22	307.25	267.20	1.87	81.07	14.09	28.63	78.22	785.56	771.47
	转入率	0.46	2.42	0.21	0.06	0.83	2.81	0.11	1.25		
	转出率	0.92	39.11	34.01	0.24	10.32	1.79	3.64	9.96	100.00	
	水田	419.00	3 864.92	4 952.29	315.99	2 698.35	191.40	23 822.12	1 264.23	37 528.28	13 706.17
	转入率	26.56	30.45	3.83	10.54	27.72	38.16	87.51	20.15		
	转出率	1.12	10.30	13.20	0.84	7.19	0.51	63.48	3.37	100.00	
	园地	9.19	694.68	3 400.34	12.04	384.66	4.99	227.25	1 380.79	6 113.95	4 733.15
	转入率	0.58	5.47	2.63	0.40	3.95	1.00	0.83	22.01		
	转出率	0.15	11.36	55.62	0.20	6.29	0.08	3.72	22.58	100.00	
2003 年总计		1 577.45	12 691.85	129 329.09	2 997.93	9 733.24	501.59	27 221.03	6 274.22	190 326.40	
新增		735.26	9 305.50	12 086.71	495.43	4 904.04	487.50	3 398.92	4 893.42		

3 770. 29hm^2 和 4 733. 15 hm^2，分别占转移面积总数的 12. 21%、10. 38%和 13. 03%。

（2）林地主要转移为旱地和园地。其中，转移为旱地占地面积为 3 458. 23hm^2，转入率达到 27. 25%；转移为园地占地面积为 2 087. 15hm^2，转入率为 33. 27%。从转出率来考察，转移为旱地的转出率为 2. 87%，转移为园地的转出率为 1. 68%，与保持林地转出率 94. 18%合计，共达到 98. 63%。

（3）旱地主要转移为林地，转移面积达到 2 350. 26hm^2，转出率也达到 30. 05%，逼近未发生转移面积 3 386. 34hm^2。其次是转移为农村居民点用地、水田和园地，转移面积分别是 665. 6hm^2、664. 89hm^2 和 614. 5hm^2，同时转出率分别为 8. 51%、8. 5%和 7. 86%，共计转出率为 24. 87%。

（4）水田转移方向也较为集中和均一，主要转移为旱地、林地和农村居民用地。其中转移为旱地面积为 3 864. 92hm^2，转出率为 10. 3%；转移为林地面积为 4 952. 29 hm^2，转出率为 13. 2%；转移为农村居民点用地面积为 2 698. 35hm^2，转出率为 7. 19%。3 项共计发生转移面积为 11 515. 56hm^2，转出率达到 30. 69%。

（5）城镇用地主要转移为农村居民点用地。该转移类型占地面积为 243. 21hm^2，转出率达到 21. 02%。而在转入方面，主要由水田和农村居民点转移而来，其中水田发生转移面积为 419hm^2，转入率达到 26. 56%；农村居民点转移面积为 203. 26hm^2，转入率达到 12. 89%。

（6）内陆水域主要转移为水田和农村居民点用地。其中转移为水田占地面积 579. 54，转出率为 15. 14%；转移为农村居民点用地占地面积 239. 65，转出率为 6. 26%。

（7）园地主要转移为旱地、林地和农村居民点用地，其中转移为林地是数量转移最多的类型。转移为旱地和农村居民点用地占地面积为 1 079. 34 hm^2，转出率达到 17. 65%；而转移为林地的面积达到 3 400. 34hm^2，转出率达到 55. 62%。这一结果的出现主要和研究区域调整产业结构，大面积种植林木有关。

运用 arcgis 叠加分析，分析 1998—2003 年土地利用覆被空间转移的分布情况，主要有以下特点：

（1）从图 3 -4 可以看出，旱地和水田转出主要集中分布县城周边以及主要北部乡镇，包括高禹镇、梅溪镇、良朋镇、皈山镇以及递铺镇，在县域西部和南部区域，转出主要集中分布在道路周边以及狭长沟壑区域，说明旱地与水田的转出与地形地貌、交通情况以及经济发展水平联系比较密切。

（2）从图 3 -5 可以看出，建设用地（农村居民点、城镇用地以及其他建

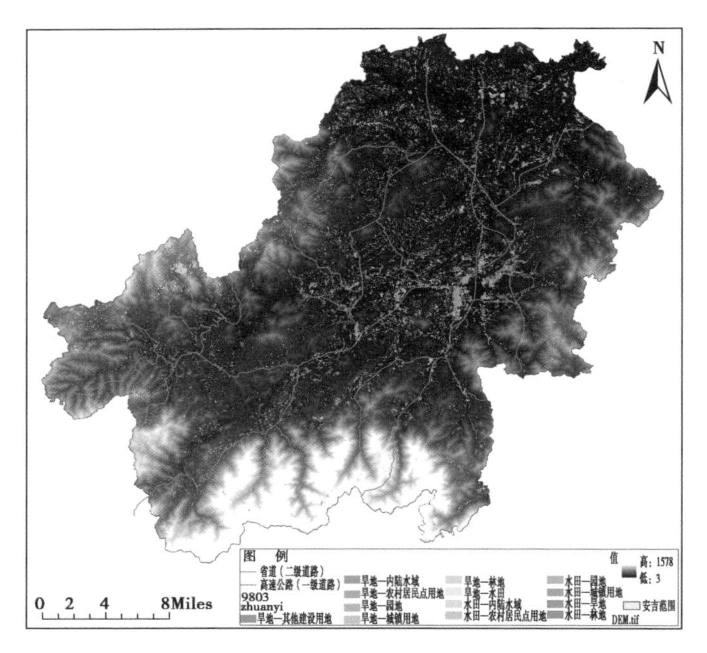

图 3－4 1998—2003 年浙江安吉水田与旱地转出空间分布

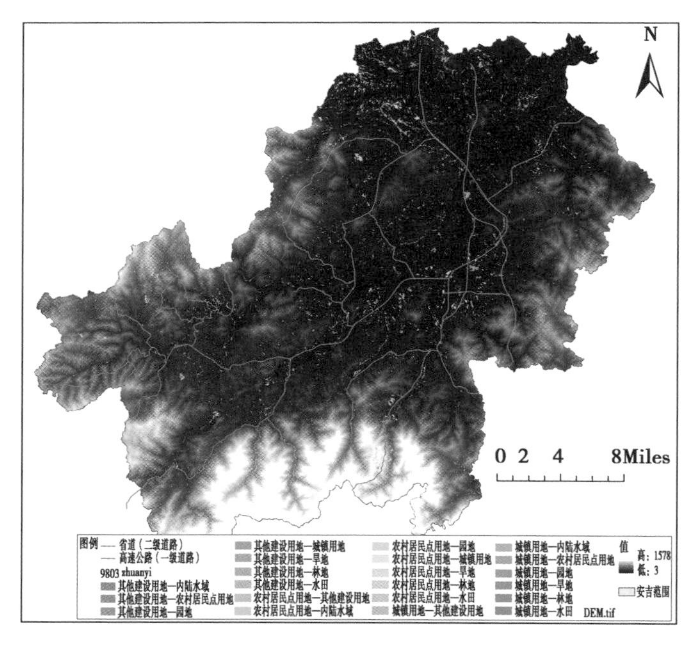

图 3－5 1998—2003 年浙江安吉建设用地转出空间分布

设用地）转出空间分布较为分散，较为集中的区域出现在北部乡镇，包括高禹镇、梅溪镇、良朋镇北部，在县城周边区域也出现较为集中的转出分布，说明建设用地与北部交通便利、地形较为平坦、经济水平较为突出的区域联系较为密切。

（3）从图3－6可以看出，林地转出空间分布主要分布在县城北部区域，主要包括递铺镇北部、皈山镇东部以及良朋镇东南部区域，在西部和南部区域出现较为分散，主要分布在离道路较近区域，说明林地转出主要在地形较平坦的中部，还有就是道路交通较为便利的区域。

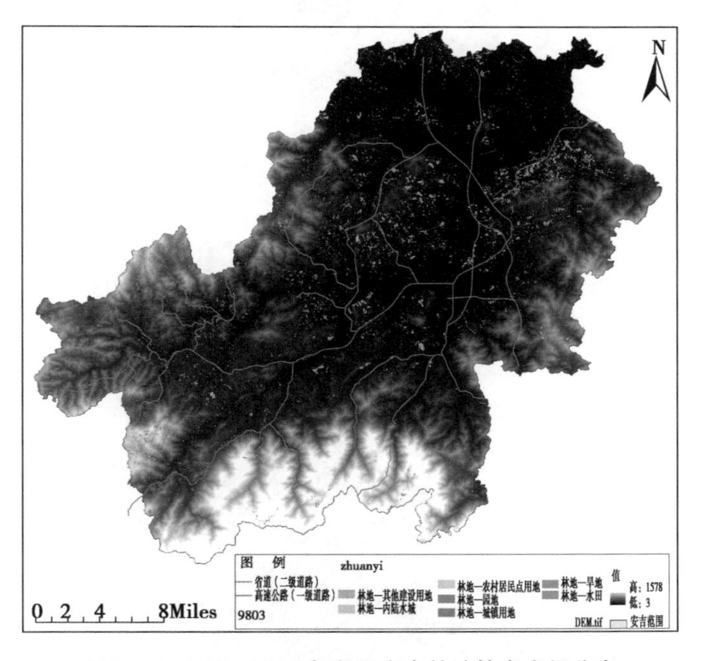

图3－6　1998—2003年浙江安吉林地转出空间分布

（4）从图3－7可以看出，内陆水域转出主要分布在北部河流较为密集的乡镇，主要包括高禹镇、梅溪镇，同时在西南部主要水库周边的转出也较为集中，说明内陆水域的转出主要与水域分布有关。

（5）从图3－8可以看出，园地转出空间分布较为分散，相对较为集中的区域主要分布在皈山镇、孝丰镇、杭垓镇、良朋镇、高禹镇以及昆铜镇，主要是种植经济作物，比如茶叶、竹子等种植区域为主。

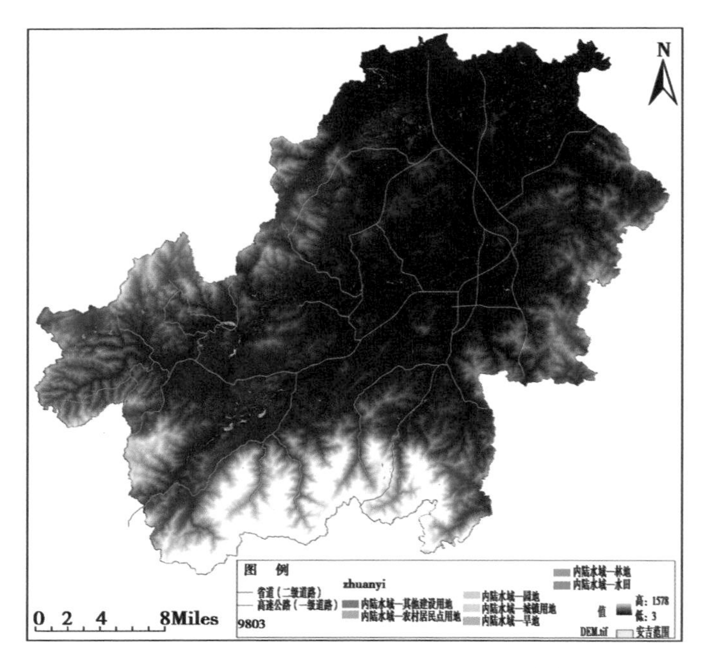

图 3－7　1998—2003 年浙江安吉水域转出空间分布

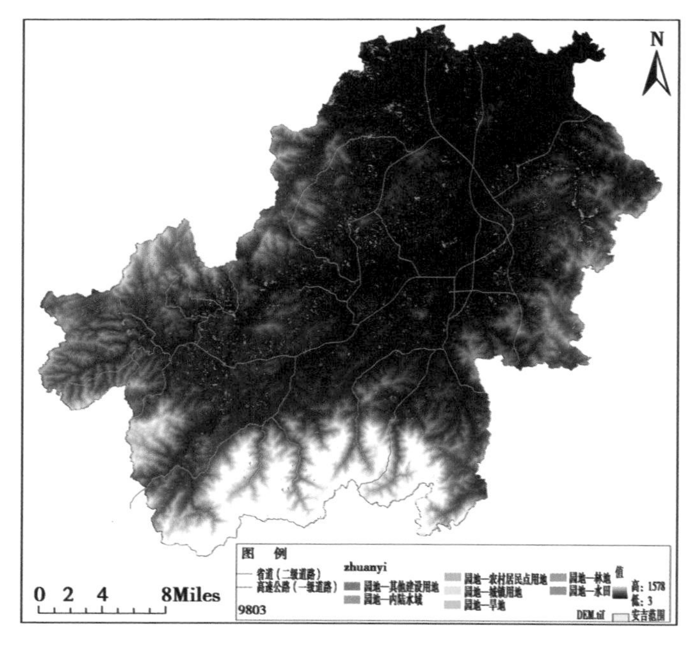

图 3－8　1998—2003 年浙江安吉园地转出空间分布

三、第二阶段：2003—2009 年

（一）变化特点分析

2009 年，浙江安吉的主要土地覆被类型为林地、水田、旱地和农村居民用地，占研究区总面积约 93.02%，与 1998 年、2003 年的主要土地覆被类型基本保持一致。从 2003—2009 年，研究区各种土地利用类型之间发生了相互转移，但是在转移速率和主要类型方面发生了变化。通过表 3 - 3，2003 年与 2008 年的各土地覆被类型面积的数据进行统计分析发现以下特点：

1. 耕地占地面积总体持续减少，水田减少面积明显，旱地面积也呈现减少。5 年间，水田占地面积从原来的 27 225.02hm² 减少到 26 355.83hm²，减少面积 869.32hm²，比重从原来的 14.3% 下降到 13.85%，下降了 0.45%。旱地占地面积从 12 697.55hm² 减少到 11 942.5hm²，减少面积 755.05hm²，比重从原来的 6.67% 减少到 6.27%，减少百分比 0.5%。因此，耕地占地总面积是减少了 0.95%，占地面积约 1 624.27hm²。

2. 城镇用地与农村居民用地持续增加，而且提升幅度较大。2003 年城镇用地与农村居民用地占地面积 11 311.41hm²，约占总面积 5.94%，2009 年两者占地面积 13 024.87hm²，约占总面积 6.84%，占地面积增加了 1 713.46 hm²。城镇用地与农村居民用地增加面积基本持平，分别为 865.11hm² 和 848.35hm²。

3. 内陆水域、其他建设用地和园地均有所增加。内陆水域从 2003 年 2 998.11hm² 增加到 2009 年的 3 196.64hm²，增加占地面积约 198.53hm²。园地从 2003 年的 6 275.82 hm² 增加到 2009 年的 7 077.97 hm²，增加面积 802.15hm²。

（二）转移过程分析

运用 arcgis 和 excel 软件，分析 2003—2009 年土地利用覆被的内部相互转移过程，从表 3 - 6 可以获得土地利用覆被主要转移类型及其之间的数量关系，主要有以下特点：

（1）2003—2009 年，浙江安吉不同土地利用覆被之间发生转移的面积总数为 5 028.63hm²，占总面积 2.64%，较 1998—2003 年，在土地利用类型转移数量上明显减少，同时发生转移的土地利用类型主要集中在旱地、林地和水田的转出。其中，水田转移面积为 1 036.26hm²，占转移面积总数的 20.6%；林地发生转移面积为 2 054.69hm²，占转移面积总数的 40.86%；旱地发生转移面积为 999.25hm²，占转移面积总数的 19.87%。3 种土地利用类型转移面积占转移总面积的 81.34%。其次，农村居民点用地转移面积为 546.09hm²，

表 3-6 2003—2009 年浙江安吉土地利用类型转移矩阵

（hm^2；%）

		2009 年								2003 年总计	减少
		城镇用地	旱地	林地	内陆水域	农村居民点用地	其他建设用地	水田	园地		
2003 年	城镇用地	1 577.18	0.00	0.00	0.00	0.18	0.00	0.09	0.00	1 577.45	0.27
	转入率	64.61	0.00	0.00	0.00	0.00	0.00	0.00	0.00		
	转出率	99.98	0.00	0.00	0.00	0.01	0.00	0.01	0.00	100.00	
	旱地	111.93	11 698.30	408.30	44.15	92.31	14.36	21.14	307.07	12 697.55	999.25
	转入率	4.59	97.96	0.32	1.38	0.87	2.54	0.08	4.34		
	转出率	0.88	92.13	3.22	0.35	0.73	0.11	0.17	2.42	100.00	
	林地	13.73	100.96	127 285.01	63.50	1 141.33	20.51	137.70	576.95	129 339.70	2 054.69
	转入率	0.56	0.85	99.30	1.99	10.79	3.62	0.52	8.15		
	转出率	0.01	0.08	98.41	0.05	0.88	0.02	0.11	0.45	100.00	
	内陆水域	0.71	16.77	28.45	2 945.40	2.50	1.16	0.00	3.12	2 998.11	52.71
	转入率	0.03	0.14	0.02	92.14	0.02	0.20	0.00	0.04		
	转出率	0.02	0.56	0.95	98.24	0.08	0.04	0.00	0.10	100.00	
	农村居民点用地	403.66	15.79	25.86	37.19	9 187.87	5.08	1.87	56.63	9 733.96	546.09
	转入率	16.54	0.13	0.02	1.16	86.82	0.90	0.01	0.80		
	转出率	4.15	0.16	0.27	0.38	94.39	0.05	0.02	0.58	100.00	

（续表）

		2009 年								2003 年总计	减少
		城镇用地	旱地	林地	内陆水域	农村居民点用地	其他建设用地	水田	园地		
2003 年	其他建设用地	50. 84	0. 27	0. 18	15. 43	2. 50	427. 65	0. 00	4. 73	501. 59	73. 94
	转入率	2. 08	0. 00	0. 00	0. 48	0. 02	75. 57	0. 00	0. 07		
	转出率	10. 14	0. 05	0. 04	3. 08	0. 50	85. 26	0. 00	0. 94	100. 00	
	水田	237. 33	77. 95	334. 63	84. 55	101. 41	79. 02	26 188. 78	121. 38	27 225. 05	1 036. 26
	转入率	9. 72	0. 65	0. 26	2. 64	0. 96	13. 96	99. 37	1. 71		
	转出率	0. 87	0. 29	1. 23	0. 31	0. 37	0. 29	96. 19	0. 45	100. 00	
	园地	45. 57	32. 20	102. 74	6. 42	54. 14	18. 10	6. 24	6 009. 60	6 275. 02	265. 42
	转入率	1. 87	0. 27	0. 08	0. 20	0. 51	3. 20	0. 02	84. 89		
	转出率	0. 73	0. 51	1. 64	0. 10	0. 86	0. 29	0. 10	95. 77	100. 00	
2009 年总计		2 440. 96	11 942. 23	128 185. 18	3 196. 64	10 582. 22	565. 89	26 355. 83	7 079. 49	190 348. 43	
增加		863. 78	243. 93	900. 16	251. 24	1 394. 35	138. 24	167. 05	1 069. 89		

占转移面积总数的10.86%。

（2）林地主要转移为农村居民点用地和园地。其中，转移为农村居民点用地占地面积为1 141.33hm²，转入率达到10.79%；转移为园地占地面积为576.95hm²，转入率为8.15%。而未发生转移的林地面积达到127 285.01hm²。

（3）旱地主要转移为林地和园地。其中转移为林地面积达到408.3hm²，转出率也达到3.22%。其次是转移为园地，转移面积分别是307.07hm²，同时转出率分别为2.42%。未发生转移旱地面积达到11 698hm²。

（4）水田主要转移类型为城镇用地、林地、园地和农村居民用地，转移类型和面积均较为分散。其中转移为城镇用地面积为237.33hm²，转入率为9.72%；转移为林地面积为334.63hm²，转移为农村居民点用地面积为101.41hm²，转移为园地面积为121.38hm²，3项共计发生转移的转出率约为2.05%。

（5）城镇用地和内陆水域基本保持原有类型，局部发生极少转移。园地转移类型与空间分布也是较为分散，原有园地类型保持达到95.77%。

因此2003—2009年，浙江安吉土地利用类型转移在数量上和空间分布上较1998—2003年都在趋于稳定，主要是因为当地对生态环境保护的重视，产业结构转型和调整的结果。

运用arcgis叠加分析。分析2003—2009年土地利用覆被空间转移的分布情况，主要有以下特点：

（1）从图3-9可以看出，旱地和水田转出主要集中分布县城东部区域，即递铺镇辖区，在县域北部乡镇的高禹镇也出现较为集中的分布，从集中分布区域来看，主要还是出现在经济水平发展较快的区域。

（2）从图3-10可以看出，建设用地（农村居民点、城镇用地以及其他建设用地）转出空间分布非常集中，主要分布在各乡镇中心、县城周边以及主要道路周边区域，说明建设用地与道路交通、乡镇中心等经济较为活跃的区域联系较为密切。

（3）从图3-11可以看出，林地转出空间分布主要分布在县城以北区域，主要包括递铺镇北部、昆铜镇西部、溪龙镇东部、高禹镇中部以及梅溪镇西部区域，说明林地的转出主要发生在整体地形较为平缓，交通较为密集，同时经济发展较为迅速的区域。

（4）从图3-12可以看出，园地呈现少量转出，并非常分散，在县城区域东南部有少许集中，其他转出主要分散在狭长沟壑以及主要道路附近，说明园地的转出与地形地貌以及交通道路有一定的联系。

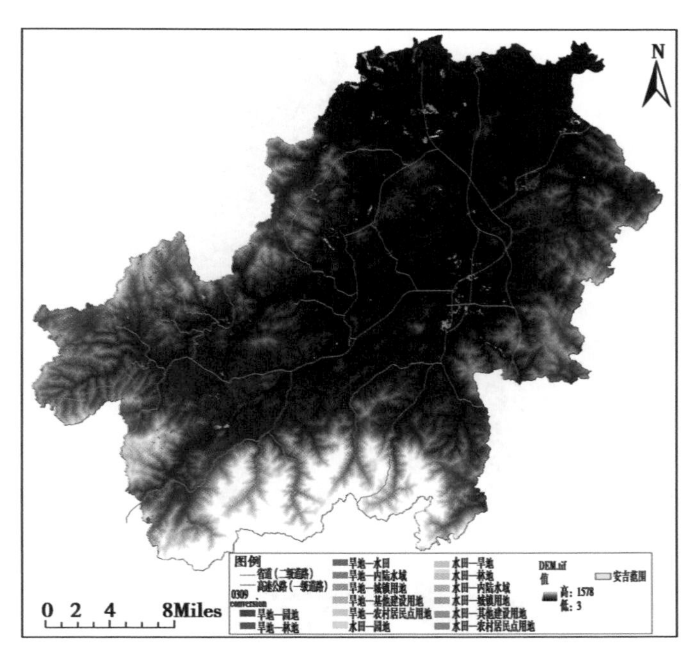

图 3-9 2003—2009 年浙江安吉旱地和水田转出空间分布

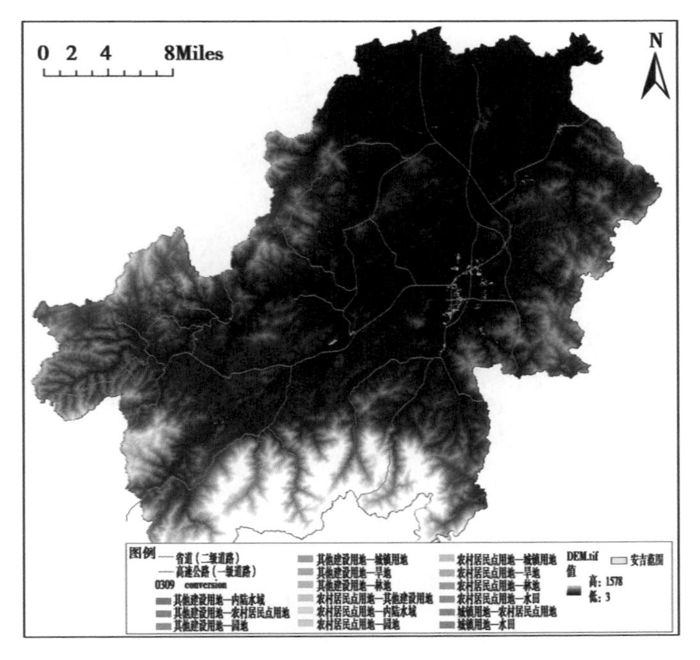

图 3-10 2003—2009 年浙江安吉建设用地转出空间分布

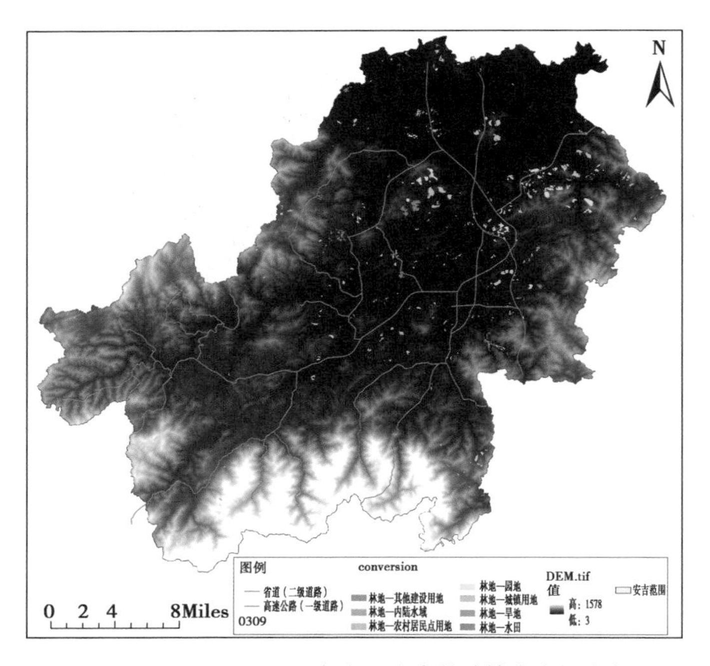

图 3－11　2003—2009 年浙江安吉林地转出空间分布

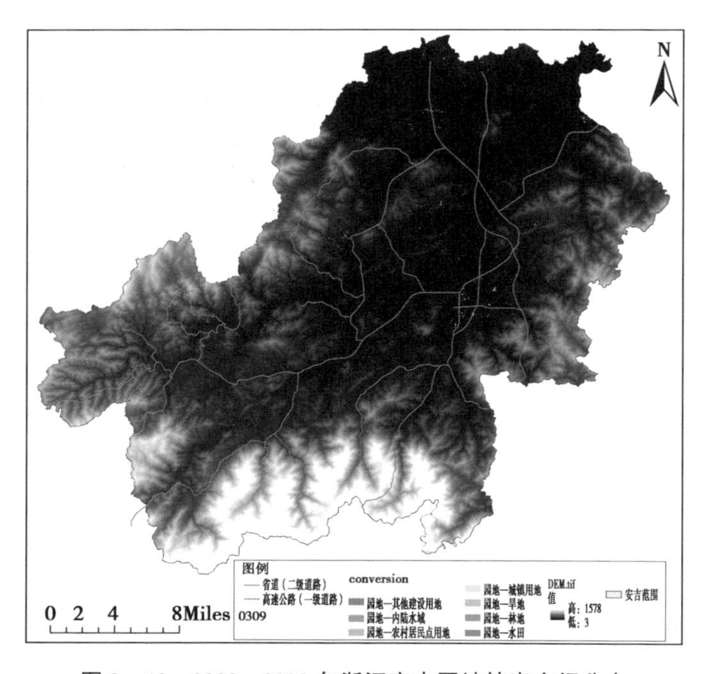

图 3－12　2003—2009 年浙江安吉园地转出空间分布

四、土地利用变化主要类型分析

通过对1998—2003年和2003—2009年土地利用转移矩阵数据进行简单统计分析可知，在研究期间1998—2009年，研究区域总共有41 335.41hm² 发生了转移，变化最大的是水田转化为林地和旱地，占所有土地利用类型转移面积的比重为22.33%，首先是因为研究区域产业结构调整，传统种植逐渐被经济林种植所代替。这也是十几年来，该区域持续保持较好生态环境的原因。其次是林地转移成旱地和园地所占比重也是较为突出。在研究期间，排名前15位的主要转移类型面积达到33 176.23hm²，占所有土地利用类型转移面积的比重达到80.26%，主要转移类型统计数据见表3－7。

表3－7　1998—2009年浙江安吉土地利用转移的主要类型、面积及比重统计表

序号	土地利用转移类型	变化面积（hm²）	占所有土地利用类型转移面积的比重（%）
1	水田—林地	5 286.92	12.79
2	水田—旱地	3 942.87	9.54
3	林地—旱地	3 559.19	8.61
4	园地—林地	3 503.09	8.47
5	水田—农村居民点用地	2 799.76	6.77
6	旱地—林地	2 758.55	6.67
7	林地—园地	2 664.10	6.45
8	林地—农村居民点用地	1 732.81	4.19
9	水田—园地	1 385.61	3.35
10	林地—水田	1 138.83	2.76
11	农村居民点用地—林地	947.88	2.29
12	旱地—园地	921.57	2.23
13	农村居民点用地—水田	879.12	2.13
14	农村居民点用地—园地	853.79	2.07
15	农村居民点用地—旱地	802.15	1.94
合计		33 176.23	80.26

第四节　土地利用/覆被时空结构分异分析

一、分析方法

通过土地利用动态度模型和土地覆被分布空间变化指数两种方法来分析研究区域不同时段下土地利用覆被变化的特征，有利于更好地了解土地利用覆被变化的强弱和空间分布。

（一）土地利用动态度模型

可以定量描述研究区域土地利用变化速度。其中，单一土地利用动态度可以表达区域一定时间范围内某种土地利用类型的数量变化情况，公式：

$$K_i = \frac{(LA_{(i,t2)} - LA_{(i,t1)})}{LA_{(i,t1)}} \times \frac{1}{t2 - t1} \times 100\% \qquad （公式 3-4）$$

其中：K_i 为研究时段内某一土地利用类型的动态度；$LA_{(i,t2)}$，$LA_{(i,t1)}$ 分别为研究期初及研究期末某一土地类型的数量；T 为研究时段长，当 T 的时段设为年时，K_i 的值就是该研究区域某种土地利用类型年变化率。

综合土地利用动态度可描述区域土地利用变化的速率，公式：

$$LC = \frac{\sum_{i=1}^{r} \Delta LU_{i-j}}{2\sum_{i=1}^{r} LU_i} \times \frac{1}{T} \times 100\% \qquad （公式 3-5）$$

其中：LU_i 为监测起始时间第 i 类土地利用类型面积；ΔLU_{i-j} 为监测时段第 i 类土地利用类型转化为非 I 类土地利用类型面积的绝对值；T 为监测时段长度。当 T 的时段设定为年时，LC 的值就是该研究区域土地利用年变化率（王娟，2011）。

（二）土地利用扩展程度综合指数

通过扩展程度指数综合指标进行研究，可以全面反映研究区域土地利用时空结构分异特征，它不仅考虑了土地总面积的影响，也考虑了扩展基数的影响。公式如下：

年均扩展强度：

$$LII_i = \frac{|LA_{(i,t2)} - LA_{(i,t1)}|}{TLA} \times \frac{1}{t2 - t1} \times 100\% \qquad （公式 3-6）$$

土地利用扩展程度综合指数：

$$\beta_i = \sqrt{\frac{K_i^2 + LII_i^2}{2}} \qquad （公式 3-7）$$

其中：K_i 为研究时段内某一土地利用类型的动态度；$LA_{(i,t2)}$、$LA_{(i,t1)}$ 分别为研究期初及研究期末某一土地类型的数量；T 为研究时段长；TLA 研究区土地面积；LII_i 为研究区 i 类土地利用类型在监测期内的扩展强度指数；β_2 为研究区 i 类土地利用类型在监测期内的扩展程度指数。

二、第一阶段：1998—2003 年

（一）耕地时空结构分异

1998—2003 年（表 3-8），研究区水田面积减少 10 310.01 hm^2，占总面

积5.42%，是研究区域利用变化绝对数变化最大的土地利用类型。在此期间，水田的年均扩展强度指数1.08，单一土地利用动态度为－5.49，而扩展程度综合指数为3.96。从表3－8中的数据可以看来，无论是使用年均扩展强度指数还是单一土地利用动态度单独来描述土地利用动态度都有一定的缺陷，应用可以兼顾二者的综合影响来反映研究区土地利用类型扩展情况的扩展程度综合指数。

表3－8　1998—2003年浙江安吉土地利用时空分异指数

土地覆被类型	1998年		2003年		变化面积（hm^2）	年均扩展强度指数	单一土地利用动态度	扩展程度综合指数
	面积（hm^2）	百分比（%）	面积（hm^2）	百分比（%）				
水田	37 535.06	19.72	27 225.05	14.30	－10 310.01	1.08	－5.49	3.96
旱地	7 823.57	4.11	12 697.55	6.67	4 873.98	0.51	12.46	8.82
林地	124 502.02	65.41	129 339.70	67.95	4 837.68	0.51	0.78	0.66
内陆水域	3 828.53	2.01	2 998.11	1.58	－830.42	0.09	－4.34	3.07
城镇用地	1 157.11	0.61	1 577.45	0.83	420.34	0.04	7.27	5.14
农村居民用地	8 601.55	4.52	9 733.96	5.11	1 132.41	0.12	2.63	1.86
其他建设用地	785.65	0.41	501.59	0.26	－284.06	0.03	－7.23	5.11
园地	6 115.73	3.21	6 275.82	3.30	160.09	0.02	0.52	0.37

研究区旱地面积增加4 873.98hm^2，单一土地利用动态度12.46，是所有土地利用类型中该指标最大值，说明该土地利用类型在研究期间变化速率最大。从扩展程度综合指数8.82来看，研究期间，该区域旱地的变化程度还是较为剧烈的。

（二）林地时空结构分异

1998—2003年，研究区林地面积增加了4 837.68hm^2，该土地利用类型的单一土地利用动态度为0.78，说明林地在这期间的变化速率还是较慢，稳定性保持得相对较好，从扩展程度综合指数0.66也说明了林地变化相对稳定这一点。

（三）城镇用地时空结构分异

1998—2003年，城镇用地面积增加了420.34hm^2，单一土地利用动态度达到7.27，说明城镇用地在这5年间变化的速率很快，同时扩展程度综合指数5.14，也说明了城镇用地的变化剧烈程度较高。这与研究区在该期间内城镇化迅速发展有直接关系。

（四）内陆水域时空结构分异

1998—2003 年，研究区内陆水域面积减少了 830.42hm²，该土地利用类型的单一土地利用动态度为 -4.34，说明内陆水域在这期间的迅速减少的速率还是较快，扩展程度综合指数为 3.07，也说明了该土地利用类型变化剧烈程度较大。这一土地利用类型变化主要发生在研究区域东北部河道区域。

三、第二阶段：2003—2009 年

（一）耕地时空结构分异

2003—2009 年（表 3 -9），研究区水田面积减少 869.22hm²。在此期间，水田的年均扩展强度指数 0.08，单一土地利用动态度为 -0.53，而扩展程度综合指数为 0.38。所以水田在该期间变化程度较为缓和。

表 3 -9　2003—2009 年浙江安吉土地利用时空分异指数

土地覆被类型	2003 年		2009 年		变化面积	年均扩展强度指数	单一土地利用动态度	扩展程度综合指数
	面积（hm²）	百分比（%）	面积（hm²）	百分比（%）				
水田	27 225.05	14.30	26 355.83	13.85	-869.22	0.08	-0.53	0.38
旱地	12 697.55	6.67	11 942.50	6.27	-755.05	0.07	-0.99	0.70
林地	129 339.70	67.95	128 185.53	67.34	-1 154.17	0.10	-0.15	0.13
内陆水域	2 998.11	1.58	3 196.64	1.68	198.53	0.02	1.10	0.78
城镇用地	1 577.45	0.83	2 442.56	1.28	865.11	0.08	9.14	6.46
农村居民用地	9 733.96	5.11	10 582.31	5.56	848.35	0.07	1.45	1.03
其他建设用地	501.59	0.26	565.89	0.30	64.30	0.01	2.14	1.51
园地	6 275.82	3.30	7 077.97	3.72	802.15	0.07	2.13	1.51

研究区旱地面积也呈下降趋势，总体减少 755.05hm²，单一土地利用动态度 -0.99，从扩展程度综合指数 0.7 来看，研究期间，该区域旱地的变化程度比水田的变化程度要剧烈一些。

（二）林地时空结构分异

2003—2009 年，研究区林地面积减少了 1 154.17hm²，该土地利用类型的单一土地利用动态度为 -0.15，说明林地在这期间的变化速率还是较慢，稳定性保持得相对较好，从扩展程度综合指数 0.13 也说明了林地变化仍然保持相对稳定。这与当地重视生态环境有着巨大关系。

（三）城镇用地时空结构分异

2003—2009 年，城镇用地面积增加了 865.11hm²，单一土地利用动态度达

到9.14，是所有土地利用类型该值最大，说明城镇用地在这6年间变化的速率非常快，同时扩展程度综合指数6.46，也说明了城镇用地的变化剧烈程度较高。这与研究区在该期间内城镇化迅速发展有直接关系。

（四）内陆水域时空结构分异

2003—2009年，研究区内陆水域面积在该期间呈现增加趋势，增加面积198.53hm^2，该土地利用类型的单一土地利用动态度为1.1，说明内陆水域在这期间增加的速率较低，扩展程度综合指数为0.78，也说明了该土地利用类型变化剧烈程度也是较低。

第四章　研究区土地利用变化驱动机制分析

第一节　驱动因子选取与分类

一、选取原则

驱动力系统是一个内部有序的系统，组成系统的各种驱动力的结合与联系具有一定的规则和层次（摆万奇，2001）。土地利用驱动力一般分为自然驱动力和社会经济驱动力；按照作用方式的差异，也可以分为内部驱动力和外部驱动力（左玉强，2003；许月卿，2001）。内部驱动力则是指决定土地利用发生变化的内部属性，一般具有静态特征，比如土壤、海拔、坡度、坡向和区位等；外部驱动力是指引发或促成土地发生转化的外部动因，具有动态性，主要包括人口、风俗习惯、经济发展、技术进步以及相关政策发布等。所以，将土地利用分布格局的因素和变化驱动因素分别进行研究，有助于更好的理解和认识区域的土地利用覆被的变化过程。基于此，本研究选取驱动因子主要考虑以下原则：

（一）数据资料的可获取性

驱动因子选取基于数据资料的可获取性，并以利用已有的历史统计资料为主，并进行一定的实地调查。

（二）驱动因子的定量化

所选取的驱动因子皆能进行定量化研究，并能进入模型进行分析，有些影响因子对土地利用的影响十分重要，比如土地管理的法律制度，难以进行定量化，因此也不可取。

（三）数据资料的一致性

数据资料的一致性包括数据资料在时间上的一致性，同时也包括数据资料在空间上的一致性，比如，GDP 是衡量社会经济发展的重要指标，但是 1993 年以前的官方统计年鉴是没有乡镇一级的统计资料，只能从研究时间点选取或者指标选取上进行调整。在空间一致性方面，城镇化水平也是衡量区域土地利用变化的重要因子，为了统一乡镇的指标数据算法，可以将该指标统一核算为非农业人口代替城镇人口与该区域总人口进行计算。

（四）自然与社会因子并重

在较短时间维度上，土地利用覆被变化受到社会经济因素的影响较大。浙江安吉地处江浙区域，社会经济发展较快，比如，交通、人口、城市化进程等的影响权重较大，所以，在考虑社会经济驱动因子的时候要尽可能保持与当地主要社会经济发展指标结合。在自然条件环境相对较为复杂的地区，自然因素对土地利用变化也发挥着很大的作用（魏强，2010）。

二、驱动因子分类

按照以上原则，共计选取 21 个土地利用变化驱动因子，按照对研究区域土地利用变化影响的不同，将其分为内在驱动因子和外在驱动因子，其中内在驱动因子 7 个，外在驱动因子 14 个。

（一）内在驱动因子选取

内在驱动因子在短时间内是保持相对稳定，呈现出跳跃式变化，而非渐进式，对土地利用覆被变化的影响是保持一种相对持续稳定的状态。比如坡向，在较短的研究期限内，相对稳定，对土地利用变化的影响也不会出现大起大落；高速公路的建设，建成前与建成后的变化是呈现跳跃式的，建成后对土地利用变化的影响是持续性的。

地形地貌是较为稳定的自然因素，也是影响区域土地利用/覆被较为重要的因素之一。然而地形地貌的演变需要漫长的时间和特定的自然过程。浙江安吉地形地貌较为复杂，东北部区域主要以盆地、缓丘为主，土壤肥沃，农业生产条件较好，同时交通条件较其他区域优越，优势地类是耕地，大量的建设用地也分布于此，而西南区域主要以山地、沟壑为主，地势起伏较大，交通道路覆盖面极地，大面积覆盖林地，少量的耕地存在于狭长沟壑。因此，无论是地形（高程、坡向），还是交通、水源、中心乡镇所在地，都对人类改变地类性质产生较大的影响。本研究以前人研究的基础，结合调研和研究需要，选取内在驱动因子。选取的土地利用内在驱动因子及其简要描述见表 4－1。

表 4－1　内在驱动因子的名称及其简要描述

内在驱动因子	因子描述	说明
距主要干道的距离	量算每一颗像元的中心距最近的主要干道的距离	贯穿县域的省道，包括 1. 省道 201（S201），北起高禹镇仙人坝，南到递铺镇霞泉； 2. 省道 306（S306），由马家至桃园； 3. 省道 204（S204），由良朋镇镇中心至孝丰镇镇中心； 4. 省道 306（S306），由杭垓镇唐舍至递铺镇山头； 5. 省道 205（S205），由递铺镇白水湾至天荒坪镇市岭； 6. 贯穿县域的杭长高速公路（S14），北起高禹镇宁波沟，南到递铺乡的李村； 7. 其他主要县道
距主要内陆河流的距离	量算每一颗像元的中心距最近的内陆河流的距离	内陆河道主要包括晓墅港、西港、西苕港、山河港、西溪等
距主要内陆湖泊的距离	量算每一颗像元的中心距最近的内陆湖泊的距离	内陆湖泊主要包括赋石水库、老石坎水库、天子岗水库、草荡水库、凤凰水库、大河口水库、石冲水库
距县城的距离	量算每一颗像元的中心距县城中心的距离	县城位于递铺镇
距中心镇的距离	量算每一颗像元的中心距最近的中心镇的距离	中心镇除递铺镇剩下的 14 个乡镇
高程	每个栅格的中心点的高程值	
坡度	每个栅格的切平面与水平地面的夹角	

（二）外在驱动因子选取

研究土地利用覆被变化也受到时间尺度的影响，几年乃至几十年时间尺度上来研究，自然因素主要决定了土地利用覆被的空间格局，是影响土地利用覆被变化的背景因素，而社会经济因素才是推动区域土地利用覆被变化的主要动力。通过调研发现，由于受到地形地貌的限制以及历史的原因，安吉仍然处于以传统农业生产方式为主的区域，农业生产主要依靠水稻种植，园地主要是种植茶叶、花卉等经济作物，工业生产主要是以竹制品加工、农副产品加工为主，同时位于长江三角洲经济区，随着经济的开放性增强，人口的流动性也在加大，因此，在外部驱动因子选取方面，既参考了大量相关研究的文献，也结合实地调研和本研究的目的，选取了 14 个外在驱动因子，主要包括农业生产、工业生产、人口、城镇化水平等方面内容，具体外在驱动因子名称及其简要描述见表 4－2。相关指标数据是每年都在不断变化，因此，以 1 年为步长，数据每年更新一次。

表 4-2　外在驱动因子的名称及其简要描述

外在驱动因子	单位	因子描述	说明
工业总产值	万元	研究区域工业产品总量	
农业总产值	万元	研究区域农业产品总量	
总人口数量	人	研究区域总人口数量	
人均工业总产值	万元/人	研究区域人均工业产品总量	人均工业总产值 = 工业总产值/人数
单位面积工业总产值	万元/亩	研究区域单位面积工业产品总量	单位面积工业总产值 = 工业总产值/面积
单位面积农业总产值	万元/亩	研究区域农、林、牧、渔业全部产品的单位面积总量	单位面积农业总产值 = 农业总产值/面积
人口密度	人/亩	研究区域单位面积土地上居住的人口数，是反映某一地区范围内人口疏密程度的指标	人口密度 = 人口总数/面积
粮食作物播种面积	亩	经常进行耕种主要粮食作物播种面积	
城镇化水平	%	指一个地区城镇化所达到的程度	非农人口比重 = 非农人口/总人口
粮食总产量	t	除包括稻谷、小麦、玉米、高粱、谷子及其他杂粮外，还包括薯类和豆类	
人均粮食产量	t/人	研究区域人均粮食产量	
茶叶总产量	t	反映主要经济作物生产水平	
生猪年末存栏数	头	反映全县主要畜牧养殖水平	
工业总产值占工农业总产值的比重	%	反映研究区域工农业发展水平	

第二节　外在驱动因子定量诊断分析

本研究所需要的驱动因子分内在驱动因子和外在驱动因子，内在驱动因子主要是地形地貌与地理标识物，在较短时间尺度内（比如几年或者数十年等）发生剧烈变化的可能性较低，同时内在驱动因子对土地利用/覆被的影响主要体现在空间格局，而通过数据采集到的社会经济数据，通常才被认为是推动区域土地利用格局变化的真正动力。因此，本研究主要是分析外在驱动因子与土地利用/覆被的相关性，从而获取驱动土地利用/覆被空间格局发生变化的主要因子。

一、数据与方法

（一）数据

按照以乡镇为基本单元，主要数据分两种，一种是社会经济数据，共计

14 个指标方面的统计数据，数据来源主要是研究区域的统计年鉴整理；另一种是土地利用数据，研究期间不同土地利用类型之间的变化量。

（二）方法

本部分采用典型相关分析方法对研究区土地利用变化的外在驱动因子进行定量统计分析，主要目的就是诊断各驱动因子对研究区土地利用变化格局形成的贡献作用的大小，同时运用典型相关系数分析和冗余度分析，对结果进行检验。

典型相关分析（Canonical correlation analysis）是 Hotelling 于 1936 年提出的研究两组变量之间的相关关系的方法，具有较强的分析能力。与其他的相关模型不同的是，典型相关模型的相关函数两侧都有不止一个的变量，用来揭示了两组多元随机变量之间的关系，这两组多元随机变量其中一组是自变量（解释变量）组，另外一组则是标准变量组。具体思路如下：

设有两组观测变量，目标变量是土地利用类型变化，解释变量是社会经济指标变化，分析不同土地利用类型变化与社会经济因子之间的相关关系。把原来较多变量转化为少数几个典型变量，通过这些较少的典型变量之间的典型相关系数来综合描述两组多元随机变量之间的相关关系（图 4-1）。

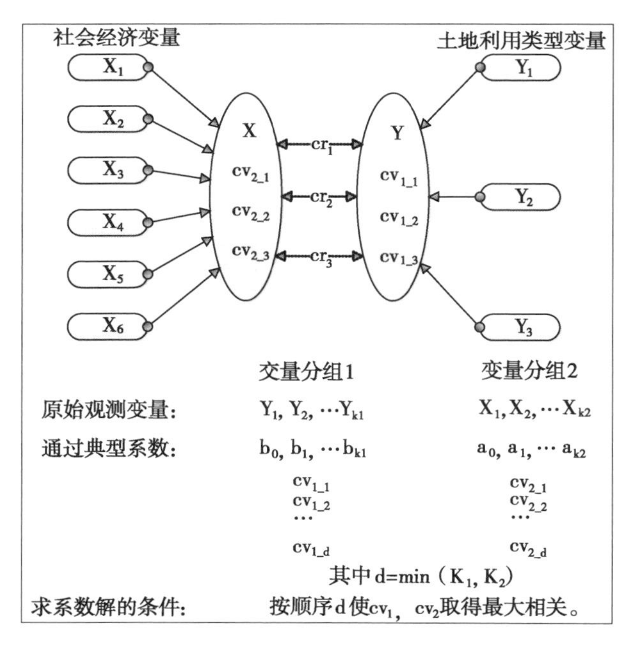

图 4-1　典型相关分析

（据郭志刚，1999）

（1）在第一组变量中提出一个典型变量，在第二组变量中也提出一个典型变量，并使这一典型变量组合具有最大的相关；

（2）在每一组变量中提出第二个典型变量，使得在与第一个典型变量不想管的典型变量中，这两个典型变量组合之间的相关是最大；

（3）继续该过程，直到两组变量之间的相关性被提取完毕为止。

典型相关分析结果的有效性从两方面检验：一是冗余度检验，主要是观察被解释的标准变量组的相关性被其自身典型相关变量解释的百分比，其次是观察被解释的标准变量组的相关性被其对立的解释变量组的典型相关变量解释的百分比。二是典型相关系数检验，该指标数值越高，说明分别来自因变量组和自变量组的两个典型变量之间相关程度越密切，分析结果越可靠。通过两方面检验的比较，有助于解释目标变量组被自变量组解释的程度，有助于判定所提取的典型变量的有效数目。

同时，典型相关分析对数据有一定要求，即自变量组各观测变量之间不能存在多重共线性，驱动因素之间若存在比较严重的共线性，需要采取措施剔除相关驱动因素，否则分析结果失真。此外，每个单一的观测变量必须服从正态分布，多变量之间联合分布为多元正态分布，否则会造成相关系数不显著。可以通过 SPSS 统计软件对观测变量是否服从正态分布进行检验。

二、因子诊断

对外在驱动因子进行定量分析的目的是揭示社会经济指标和土地利用变化之间的内在关系，通过对原始数据的处理，采用 2009 年和 1998 年之间的指标差值，包括选取的农业经济指标和各用地类型的差值。本研究中，标准变量组 Y 为研究区个种土地利用类型面积的变化，自变量组 X 为社会经济数据的变化。标准变量组包括城镇用地、旱地、林地、农村居民点用地、水田和园地，由于通过数量分析，内陆水域在研究时间段变化量很小，因此标准变量组不包含内陆水域；自变量组 14 个社会经济指标变量，进行典型相关分析前，考虑到研究区土地利用变化和社会经济发展等方面的特点与社会经济统计数据的可获取性，通过 SPSS 社会科学统计软件进行数据的共线性分析。其中，部分指标之间存在比较严重的共线性问题，剩下的 12 项社会经济指标包括：工业总产值（万元）、农业总产值（万元）、总人口数量（人）、粮食总产量（t）、茶叶总产量（t）、生猪年末存栏数（头）、人均工业总产值（万元/人）、人均粮食产量（t/人）、单位面积农业总产值（万元/亩）、人口密度（人/亩）、工业总产值占工农业总产值比重（%）、城镇化率（%），基本符合正态分布，可以进行典型相关分析。

运用 SPSS 中的子程序 CANCORR 直接对数据进行典型相关分析，运行结果见表4－3。通过分析两组中提取出的相对应的典型变量之间的关系来分析标准变量组 Y（土地利用变化）与自变量组 X（外在驱动因子变化）之间的关系。依据表4－3 的分析结果，结合实际调研与专业知识，可以定量分析出研究区域土地利用变化的外在驱动因子及其对这种变化影响的强弱关系。

（一）典型相关系数检验

一般认为典型相关系数大于0.3，则相关关系表现显著（唐守正，1986）。从典型相关系数来看（图4－2），1998—2009 年，6 对典型变量之间的相关系数分别为0.998、0.996、0.987、0.967、0.882 和0.843，说明这6 个典型变量之间存在较高的相关系数，表明判别出的解释变量能清晰充分地解释相应标准变量的分布格局。

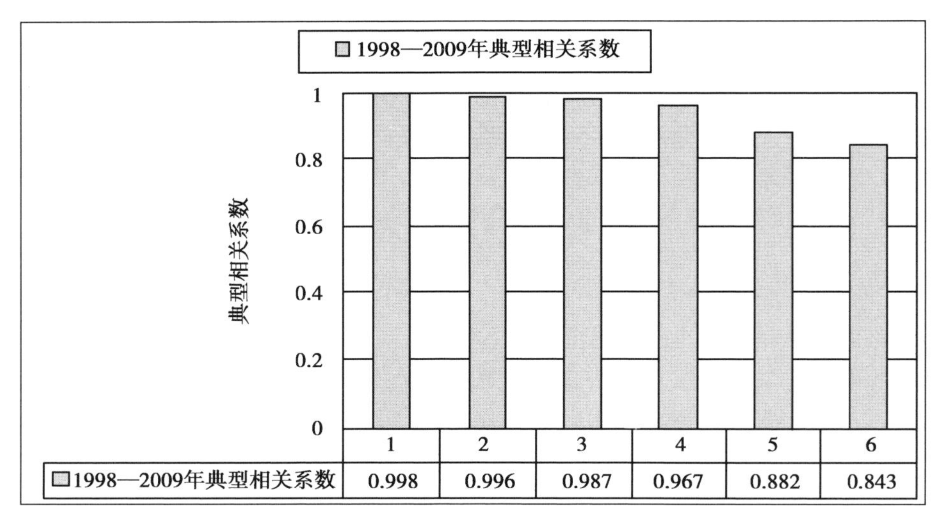

图4－2　浙江安吉1998—2009 年典型相关系数

（二）冗余度检验

从冗余度分析中（图4－3）可以看出标准变量组被自身典型变量解释的百分比和标准变量组被自变量组典型变量解释的百分比均较高的只有第一和第三典型变量，均高于10%，第五典型变量的冗余度分析指标虽然均高于10%，但是两者指标存在较大差异性，而其他典型变量总体水平均表现较低，均低于10%，解释效果不太理想。因此，在1998—2009 年的典型相关分析中，有效的典型变量只有第一和第三变量，即浙江安吉的人均工业总产值和园地之间，农业总产值和水田之间存在较大的联系。

表 4－3　浙江安吉 1998—2009 年土地利用/覆被变化外在驱动因子典型相关分析

变量组	变量代码	变量名称	典型荷载					
			典型变量 1	典型变量 2	典型变量 3	典型变量 4	典型变量 5	典型变量 6
Y	Y_1	城镇用地	0.007	0.307	－0.946	0.101	0.024	－0.001
	Y_2	旱地	0.159	－0.462	－0.636	－0.250	0.425	－0.337
	Y_3	林地	0.518	－0.068	－0.040	－0.194	－0.799	－0.222
	Y_4	农村居民点用地	－0.176	0.186	－0.907	－0.139	0.057	0.298
	Y_5	水田	－0.078	－0.077	0.966	0.010	0.193	0.130
	Y_6	园地	－0.684	0.278	－0.573	0.127	0.270	－0.192
X	X_1	工业总产值	－0.058	0.305	－0.925	0.049	0.026	－0.107
	X_2	农业总产值	0.100	0.083	－0.975	0.125	0.032	0.009
	X_3	总人口数量	－0.028	0.237	－0.905	0.213	0.006	0.115
	X_4	粮食总产量	－0.101	－0.111	0.693	0.556	0.010	－0.113
	X_5	茶叶总产量	0.207	－0.566	－0.472	0.165	0.200	0.360
	X_6	生猪年末存栏数	－0.016	－0.141	0.881	0.023	0.161	0.294
	X_7	人均工业总产值	－0.557	0.037	－0.215	－0.042	0.243	－0.343
	X_8	人均粮食产量	－0.150	－0.026	0.439	0.477	0.015	－0.350
	X_9	单位面积农业总产值	－0.065	－0.604	－0.319	0.422	0.458	0.175
	X_{10}	人口密度	－0.078	0.038	－0.699	0.204	0.028	0.220
	X_{11}	工业总产值占工农业总产值比重	－0.106	0.222	0.177	0.072	－0.062	－0.427
	X_{12}	城镇化率	0.049	0.397	－0.838	0.293	0.009	－0.002

通过典型相关分析获取到的外在驱动因子与土地利用/覆被之间的联系并不是唯一的，只能说明在初步选取的社会经济指标中与土地利用/覆被变化十分密切的因子有哪些，而不是驱动土地利用/覆被变化唯一的因素。

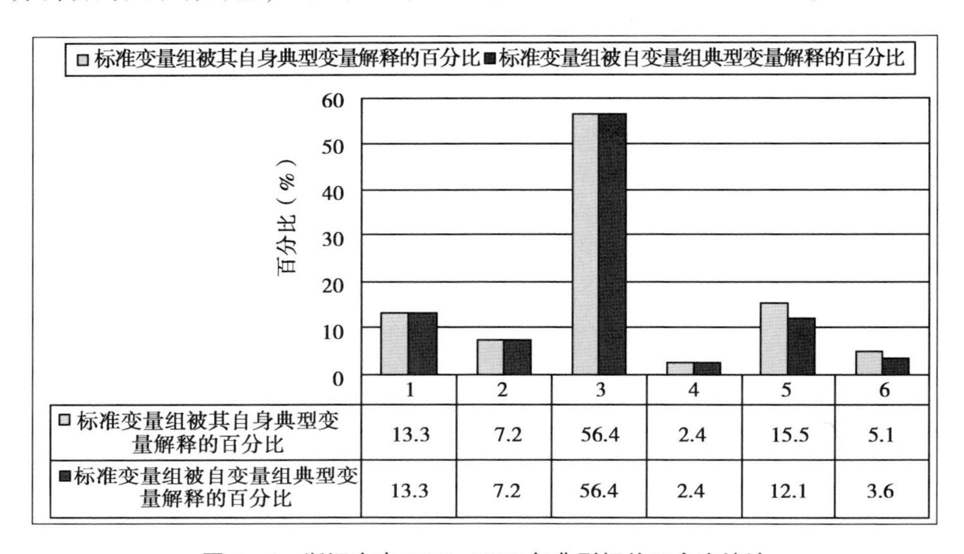

	1	2	3	4	5	6
□标准变量组被其自身典型变量解释的百分比	13.3	7.2	56.4	2.4	15.5	5.1
■标准变量组被自变量组典型变量解释的百分比	13.3	7.2	56.4	2.4	12.1	3.6

图4－3　浙江安吉1998—2009年典型相关冗余度统计

三、结果分析

1. 在标准变量组中，第一个典型变量将园地 Y_6 从其他类型中分离出来（图4－4），其典型荷载为－0.684。自变量组中与之相对应的驱动因子主要是人均工业总产值 X_7，其典型荷载为－0.557。由此可知，园地变化主要受到来自人均工业总产值的驱动，这一结论基本上符合事实，由于浙江安吉的园地主要种植茶业和竹林，同时茶叶和竹制品的工业加工是当地的主要工业产品，随着近年对茶制品和竹制品需求量的增加，直接刺激了园地的扩张。

2. 在标准变量组中，第三个典型变量将水田 Y_5 从其他类型中分离出来（图4－5），其典型荷载为0.966。自变量组中与之相对应的驱动因子主要是农业总产值 X_2，其典型荷载为－0.975。由此可见，水田的变化与农业总产值呈负相关，这一结论基本上符合事实，表明随着农产品加工业的发展，水田的面积不断减少；农业总产值的增加，引起水田的减少，说明了水田种植的水稻等粮食作物在农业总产值中的比重很低，引起部分水田逐步转换为旱地和园地种植农产品附加值较高的农业经济作物，部分水田逐步转换为种植经济林为主的林地。

通过运用典型相关分析方法对浙江安吉土地利用变化的外在驱动因子进行的定量统计分析表明，选取的 14 个外在驱动因子中的农业总产值、人均工业总产值 2 个因子是影响研究区域土地利用变化的主要外在驱动因子。将这些影响因子在研究期间各年度的值与影响浙江安吉土地利用变化的内在驱动因子一并作为土地利用变化模型的输入，来对该研究区域土地利用空间格局的动态变化进行模拟和预测。

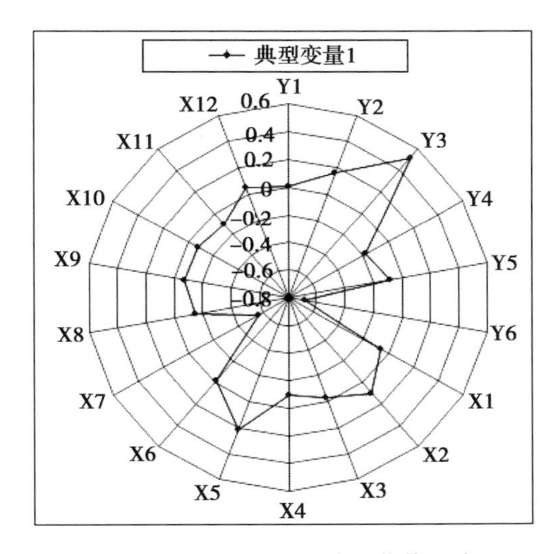

图 4－4　典型变量 1 典型荷载雷达

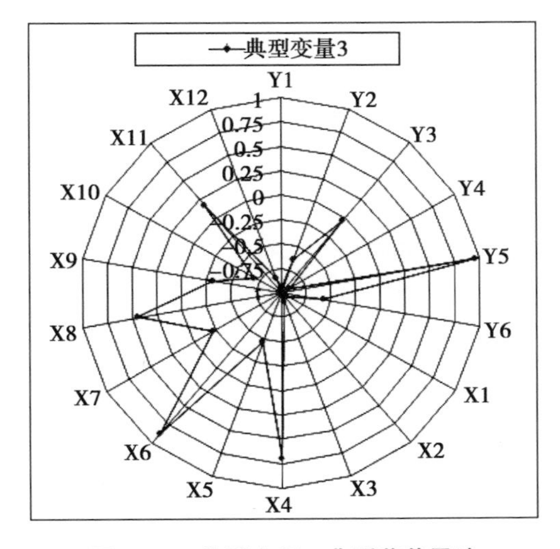

图 4－5　典型变量 3 典型荷载雷达

第五章　研究区多情景下土地利用空间格局动态变化模拟

第一节　模拟模型

一、模型介绍

CLUE（The Conversion Of Land Use And Its Effects）模型是1996年荷兰瓦赫宁根大学Veldcamp等提出，目标是用以经验地定量模拟土地覆被空间分布与其影响因素之间的关系模型。CLUE模型构建者是为了模拟国家和大洲尺度上的土地利用/土地覆被变化（Verburg et al，1999），由于研究对象的空间尺度较大，而每个网格是代表的土地利用类型，因此模型的分辨率显得相对较为粗糙。所以，在面对研究区域的空间尺度较小的时候，CLUE模型无法满足研究需要。2002年，Verburg等对模型进行了适用于区域尺度的改进，即CLUE-S模型（The Conversion Of Land Use And Its Effects at Small Regional Extent），模型在小区域尺度上有较多应用，并具有较好的空间模拟效果。CLUE与CLUE-S在原理上具有一定的共同性，主要体现在理论基础与原理，同时存在较大的差异性，主要体现在研究对象的空间尺度（表5－1）。

表5－1　CLUE与CLUE-S共同性与差异性比较

模型	CLUE模型 ----------→	CLUE-S模型
共同性	主要原理基础：通过定量化模拟土地利用类型与驱动因子之间的关系，动态模拟各土地利用类型之间的竞争，最终模拟区域土地利用变化 主要理论基础：土地利用变化的关联性、土地利用变化的等级特征、土地利用变化竞争性和土地利用变化的相对稳定性	
差异性	应用范围：国家和省一级大的区域； 分辨率：空间分辨率比较粗糙；介于7km×7km与32km×32km之间	应用范围：小区域，地区（县）一级尺度； 分辨率：高分辨率空间图形数据；大于1km×1km

二、模型结构

CLUE-S 模型分为两个模块（图 5－1），分别是非空间需求模块和空间详尽化分配模块。其中非空间需求模块是通过社会经济数据和自然条件数据的发展分析为基础，计算研究区域未来每年所有土地利用类型的需求面积；空间详尽化分配模块是基于第一个模块的计算结果，依据模型所选栅格化空间数据，按照土地利用类型概率、不同土地利用类型的竞争力以及相应的土地利用规则，对每年各种土地利用类型的需求变化进行空间分配，从而实现土地利用变化的空间模拟。

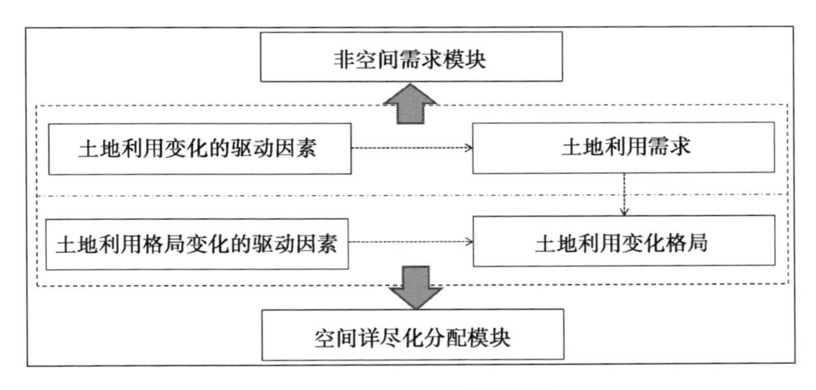

图 5－1　CLUE-S 模型结构

非空间需求模块是对研究者开发的模块，基于对研究区域的社会经济数据和土地利用变化驱动因素的分析，在不同情景下，可以通过从简单的历史趋势外推法到复杂的经济学模型或者系统动力学模型等方法得到土地利用需求变化数据，结果以年为步长，从而形成一个以年为步长的序列数据，输入空间详尽化分配模块，模拟土地利用的空间变化特征。

空间详尽化分配模块是 CLUE-S 模型的核心模块，基于对基期土地利用数据的统计分析，获取约束区域、模拟初年和土地利用变化规则数据，计算土地利用的空间分布概率，从而实现土地利用空间格局变化的动态模拟。该模块也可为研究区域设定决策规则，如不同土地利用类型之间转化的稳定性参数，从而控制某种土地利用类型的转化难度。

三、空间分析

土地利用空间格局展示了土地利用的空间组织，它与研究区域土地利用的自然环境条件和社会经济条件密切联系，可以通过空间叠加的方式将自然环境与社会经济变量的地图组合来体现出来。利用 ArcGIS 空间分析的功能，将这些数据转换成统一分辨率，有规则的栅格数据。

逻辑斯蒂逐步回归（Logistic）是土地利用变化研究的一种常用方法（Serneels，2001）。采用逻辑斯蒂逐步回归研究土地利用与驱动因子之间的数量关系，计算每一种地类在研究区每一个栅格上出现的概率大小，然后比较同一位置上各地类的出现概率，从而确定占优地类类型。

$$\log(\frac{P_i}{1-P_i}) = \beta_0 + \beta_1 X_{1j} + \beta_2 X_{2j} + \cdots + \beta_n X_{nj} \quad (公式 5-1)$$

其中：P_i 表示地类 i（包括耕地、建设用地、园地、林地等）在某一位置上出现的概率；

X_{nj}表示地类分布格局影响因子 n（包括相对稳定的海拔、坡度、坡向等，动态较大的人口、GDP 以及距离等）在该位置上的值；β 表示各影响因子的回归系数。

本研究通过 SPSS 计算实现回归系数。回归所产生与预测值相关的时间发生比率，称为逻辑斯蒂系数的指数，即指数 B（Exp（B））。该事件发生的可能性等于事件发生的概率与事件不发生概率之比。预测值的发生比率表示当驱动因子的值每增加一个单位时，土地利用类型发生比的变化情况，如下：当 Exp（B）>1 时，发生比增加；Exp（B）=1 时，发生比不变；Exp（B）<1 时，发生比减少。

四、转换规则

（一）转换矩阵设置

不同土地利用类型之间的转换设置即是运行模型所需要设置的土地利用类型转移次序与各不同土地利用类型的转换规则。本研究中地类分为 5 大类，因此参加模拟的不同土地利用类型的次序，就是将研究中所划分出来的土地利用类型所生成的土地变化矩阵输入到模型中，本研究即为 5×5 的矩阵。

（二）稳定规则设置

不同土地利用类型之间的转换规则通过转换弹性系数来表达，设置的不同体现了不同土地利用类型之间转换的稳定程度，依据的是区域土地利用系统中历史上不同土地利用类型变化情况和未来土地利用规划情况。比如，国家划定的基本农田保护区与自然保护区的土地，一般不会发生地类的转换，稳定程度较高；部分海拔较低的林地或者草地，较为容易的转化为农业用地，稳定程度较低。按照不同的土地利用类型的稳定性，模型的转换弹性系数 ELAS 一般按照以下三种情况设定：ELAS 设定为 0，针对的是非常容易转变的地类。比如，临近城区的农业用地，在城镇化发展的过程中，较为容易的转变为建设用地或者工厂用地；ELAS 设定为 1，针对的是极其不容易转变的地类。比如，建设用地属于比较稳定的地类，基本上不可能转换成农业用地等其他用地类型，因此预测期间，这类土地利用类型基本不考虑它的转移情景；ELAS 设定为 0 到 1 之间某一个值，针对的是转换难易程度介于两种情况之间。可以依据历史数据和专家知识等来设置赋值，同时也可以在模型的检验过程中进行相关的调试。参数 ELAS 越大，说明该类土地利用类型转化程度越稳定，转化为其他土地利用类型的概率就越小。

五、动态模拟

动态模拟即土地利用空间分配动态模拟，是基于综合分析土地利用空间分布概率、不同土地利用类型需求量以及土地利用变化转化规则，从而通过多次迭代，实现土地利用变化空间分配的过程（图 5－2）。

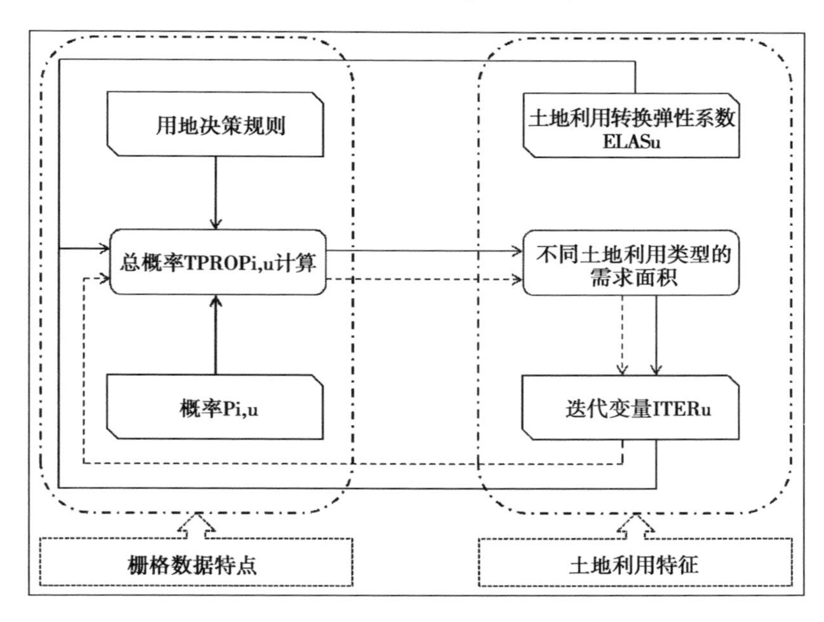

图 5－2　土地利用动态分配迭代过程

按照土地利用动态变化分配迭代过程原理，具体操作步骤如下：

（1）确定土地利用分类系统中允许变化的栅格单元。其中土地利用转换弹性系数 ELAS＝1 的类型将被排除在下一步的模拟之外；

（2）依据公式计算每一个栅格单元 i 适合土地利用类型 u 的总概率。其中

$ELAS_u$是土地利用转换弹性系数；$ITER_u$是土地利用类型 u 的迭代变量；

$$TPROPi,_u = Pi,_u + ELAS_u + ITER_u \quad \text{（公式 5-2）}$$

（3）首先赋予不同土地利用类型相应的迭代变量值，然后依据每一栅格适合不同土地利用类型的总概率 $TPROP_{i,u}$，按照由大到小的顺序对每一栅格的土地利用变化模拟进行第一次分配，在这一过程中会引起大量栅格单元的土地利用类型发生变化；

（4）将不同土地利用类型的初次空间分配面积和需求面积进行对比：I，若初次空间分配面积小于需求面积，则增加迭代变量 $ITER_u$的值；II，若初次空间分配面积小于需求面积，则减少迭代变量 $ITER_u$的值。直到土地利用的空间分配面积等于需求面积；

（5）同样存在两种情况：①若需求面积不等于分配面积，即重复第 2 步至第 4 步；②若需求面积等于分配面积，则保存该年份最后的空间分配图，并继续下一年土地利用变化空间分配。

六、多尺度特征

多尺度特征是对 LUCC 模型的一项基本要求（Kasper kok，2001）。以上描述的模型结构体现了尺度相互作用的不同类型。多尺度特征性主要表现在以下两个方面：

（一）土地利用变化驱动力的尺度特征

比如，较大规模的社区或者居民点，它对土地利用变化的影响不仅局限于居民点本身，同时随着与居民点距离的变化而产生不同的作用效果。

（二）多尺度相互作用特征

模型中的每一次迭代过程都是研究区域在宏观尺度上对各种土地利用类型的总量需求与每一栅格的生物物理及社会经济特征相互作用的具体过程。

七、需求模块

需求模块是 CLUE-S 模型中一个相对独立的模块，要求将不同需求方案的结果输入模型，才能进行空间分配与空间模拟。利用各种土地需求量预测方案求取不同需求方案的结果，同时模型要求输入研究期间各年度的各种土地利用类型的需求量。

八、模型检验

CLUE-S 模型的检验分为两部分：

（1）依据逻辑斯蒂逐步回归分析的结果，采用 ROC（Receiver Operating

Characteristic）方法对驱动因素的解释能力进行检验，若驱动因素对土地利用空间分布格局的解释效果很好，则可利用 CLUE-S 模型继续进行空间分配，否则无法进行下一步空间模拟，需要重新选取有力的驱动因素；ROC（Receiver Operating Characteristic）检验是建立在真阳性（Ture-positive）和假阳性（False-positive）的比例关系基础上（Mertens，B，2000），详见表 5－2，表中的时间代表某一种土地利用类型发生变化的情况，如果其中某一种土地利用类型发生了变化，则事件发生，被认为阳性；反之，即为阴性。

表 5－2　土地利用类型变化发生可能性诊断结果

诊断	阳性	阴性	合计
阳性	真阳性（A）	假阳性（B）	A＋B
阴性	假阴性（C）	真阴性（D）	C＋D
合计	A＋C	B＋D	A＋B＋C＋D

在判断过程中，通常采用真阳性的比例，即 A/（A＋C）作为纵坐标，用假阳性的比例 B/（B＋D）作为横坐标，从而绘制出 ROC 曲线图，基于计算出的 ROC 曲线下的面积可以衡量模型的精度，面积的值为 0.5～1，曲线下面积越靠近 1，则说明诊断或者预测的精度就越高。通过这一方法，可以对预测不同驱动力作用下的相同因变量的模型进行比较，进而对预测不同因变量的模型进行比较。

（2）空间模拟完成后，需要对模型的模拟结果采用 Kappa 指数进行检验，对于模拟结果与实际 LULC 的对比分析和精度评价是对模型模拟最有效的方法（Verburg P H，1999），Kappa 系数是在综合了用户精度和制图精度两个参数上提出的一个最终指标，用来评价分类图像的精度，在遥感里主要应用在精确性评价和图像的一致性判断，同时通过计算标准 Kappa 值检验分类结果的正确程度和模拟效果，其公式为：

$$Kappa = (P_0 - P_c)/(P_p - P_c) \quad \text{（公式 5－3）}$$

其中，P_0 为正确模拟的比例；P_c 为随机情况下期望的正确模拟比例；P_p 为理想分类情况下正确模拟的比例。当两个诊断完全一致时，Kappa 值为 1，Kappa 值越大，说明一致性越好。Kappa 值为 －1～1 且 Kappa≥0.75 时，两土地利用图的一致性较高，变化较小；0.4≤Kappa≤0.75 时，两者一致性一般，变化较为明显；Kappa≤0.4 时，两者一致性差，变化较大。

第二节　模拟步骤

通过 CLUE-S 模型手册学习，结合具体案例相关文献查询，土地利用/覆被空间变化模拟的具体步骤总结如下：

一、回归系数计算

选定土地利用覆被基期数据，作为模拟初始土地利用现状数据，本研究土地利用/覆被的基期数据由 1998 年 TM5 遥感数据解译而来；整理相关影响因子数据，本研究通过驱动因子诊断分析，共筛选出工业总产值、农业总产值、总人口数量、人均工业总产值、单位面积农业总产值和相关内在驱动因子，按照同一分辨率和同一坐标系统制作栅格图层；基于 Arcgis 平台，将 grid 格式数据转化成 ASCII 格式，利用 CLUE-S 模型下的 Converter 模块，把 ASCII 数据转化成 Spss 识别的列数据，最后基于 Spss 软件，导入转化好的土地利用/覆被数据和相关影响因子列数据，对每一种地类与影响因子进行逻辑斯蒂回归分析，得到相应的回归系数，并将其作为参数输入到模型中，参数文件设定为 “regression results” (图 5－3)。

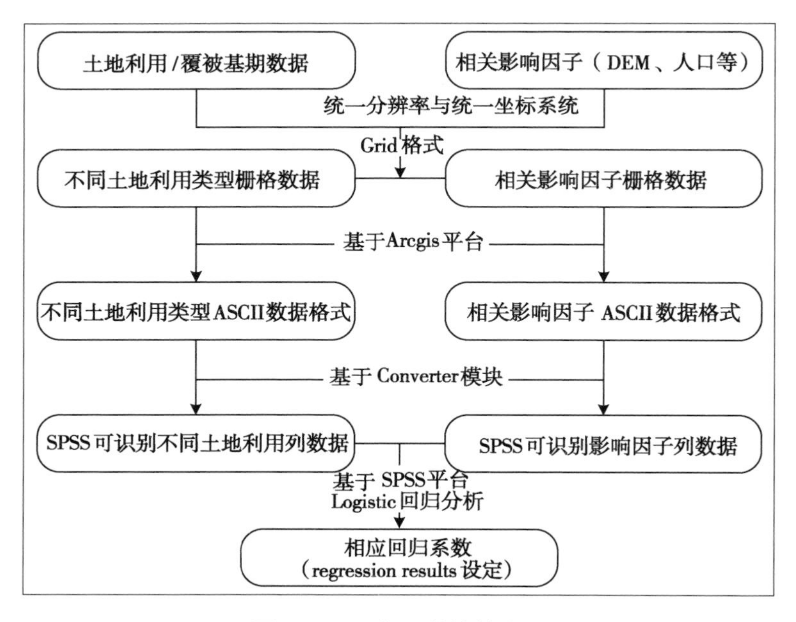

图 5－3　回归系数计算流程

二、土地需求数据计算

运用情景分析法、趋势外推法、宏观经济模型等，预测研究区域不同土地利用类型在预测期末可能的土地需求数量，并作为参数输入到模型中，参数文件设定为“demand”。

三、限制区域文件设定

模拟期间，对于研究区域假定不发生变化的区域，需要将其制定成为一个单独的文件输入模型，参数文件设定为“region_ park”；如果不需要限制区域，则需要制定一个完整的研究区空白边界文件输入到模型中，参数文件设定，参数文件设定为“region_ no-park”。

四、驱动影响因子文件设定

按照一定顺序将驱动影响因子制定成文相应格式文件，输入模型，以便模型运行时调用，主要用到的驱动影响因子数据见表5-3。在实际操作过程中，为了防止模型不收敛，一定要确保输入的每一个驱动因子文件的像元在数量和大小上保持完全一致，参数文件设定为“ * file”。

表5-3　CLUE-S模型中可能需要的相关数据及其用途

主要类型	因子名称	主要用途
土地利用/覆被类型	耕地 草地 林地 园地 永久作物 临时作物	用于所有土地利用变化空间模拟
主要作物分布与产量	经济作物 谷物 油料作物 块茎作物 蔬菜 豆类	播种面积用于作物分布模拟； 产量分布用于作物产量模拟

（续表）

用于牲畜分布模拟	用于牲畜分布模拟	用于牲畜分布模拟
养殖业	猪、牛、羊的数量 其他家禽的数量	用于牲畜分布模拟
社会经济数据	工业总产值 农业总产值 单位面积工业总产值 单位面积农业总产值 农业总产值占工农总产值比重	作为重要驱动力使用
人口数据	劳动力数量 人口密度	用于各种模拟
农地管理数据	施肥数量 机械化数量 复种指数 灌溉面积	用于作物产量模拟
主要地理数据	距离主要湖泊的距离 距离主要乡镇中心的距离 距离主要河流的距离 距离主要公路的距离 距离主要铁路的距离	用于所有模拟
生物物理数据	数字高程数据 坡度 坡向 土壤抗侵蚀性 土壤物理属性 土壤肥力 降水量 气温	用于所有模拟，根据情况选择

五、变化矩阵设定

按照情景设定，确定模拟期内，不同类型地类间相互转移的可能性矩阵，如地类 A 转化成地类 B，则为 1，否则为 0。

六、主要参数设定

模型运算前，还需要对模型中的主参数（main parameters）进行设定，详见表5－4。

表5－4　CLUE-S模型中的主要参数设定

编号	参数名称	类型
1	土地利用类型数量	整数型
2	区域数量（包括限制区域）	整数型
3	回归方程中的最大自变量数	整数型
4	总的驱动因子数	整数型
5	行数	整数型
6	列数	整数型
7	像元面积	浮点型
8	原点X坐标	浮点型
9	原点Y坐标	浮点型
10	土地利用类型的数字编码	整数型
11	土地利用转移弹性编码	浮点型
12	迭代变量	浮点型
13	模拟起始和结束年份	整数型
14	动态变化解释因子的数字和编码	整数型
15	输出文件选项（1、0、－2或2）	整数型
16	区域具体回归选项（0、1或2）	整数型
17	土地利用初始状况（0、1或2）	整数型
18	邻域计算选项（0、1或2）	整数型
19	空间位置具体附加说明	整数型

七、CLUE-S模型运行

当以上参数均正确设定后，CLUE-S模型即可运行。通过一定次数的迭代，当土地利用的空间分配结果和需求预测的实际数量之间的差值达到一定的阈值时，模型收敛。

八、地图可视化

CLUE-S模型模拟的结果是ASCII格式，因此需要基于Arcgis平台下的Toolbox转化为Grid格式。

第三节　空间分析

一、土地利用类型分布

依据应用CLUE-S模型进行土地利用变化空间模拟时对研究区域土地利用类型数量的限制要求，由于在研究区域中有些地类的面积较小，分布凌乱，为使得模拟效果较好，对原有的九个二级地类合并为五个一级地类，其中水田和旱地合并为耕地，河流与湖泊合并为内陆水域，城镇用地、农村居民点用地和其他建设用地合并为城乡、工矿及居民点用地。结合3.2中土地利用类型采用的分类系统，对土地利用类型赋予相应代码（表5－5）。提取以1998年为基期的不同土地利用类型空间分布图，并转换成像元为60m×60m大小的栅格图像，研究区域栅格列数1051，栅格行数924（图5－4）。

表5－5　CLUE-S模型中土地利用类型代码

一级分类		二级分类		CLUE-S模型中代码	参数文件设定
编号	名称	编号	名称		
1	耕地	11	水田	0	Cov_ 0.0
		12	旱地		
2	林地	21	有林地	1	Cov_ 1.0
		22	灌木林		
		23	疏林地		
		24	其他林地		
3	内陆水域	31	滩地	2	Cov_ 2.0
		32	河流		
		33	水库		
		34	湖泊		
4	城乡、工矿及居民点用地	41	城镇用地	3	Cov_ 3.0
		42	农村居民点用地		
		43	其他建设用地		
5	园地	51	园地	4	Cov_ 4.0
		52	茶园		

通过Arcgis分别提取单一土地利用类型空间分布图，采用中心属性值聚合方法，即GRID模块下的Convert to GRID命令，将每个栅格的取值为该栅格中心点的属性值，并转为ASCII文件，按照CLUE-S模型的要求，以此命名，详

见表 5 – 5。

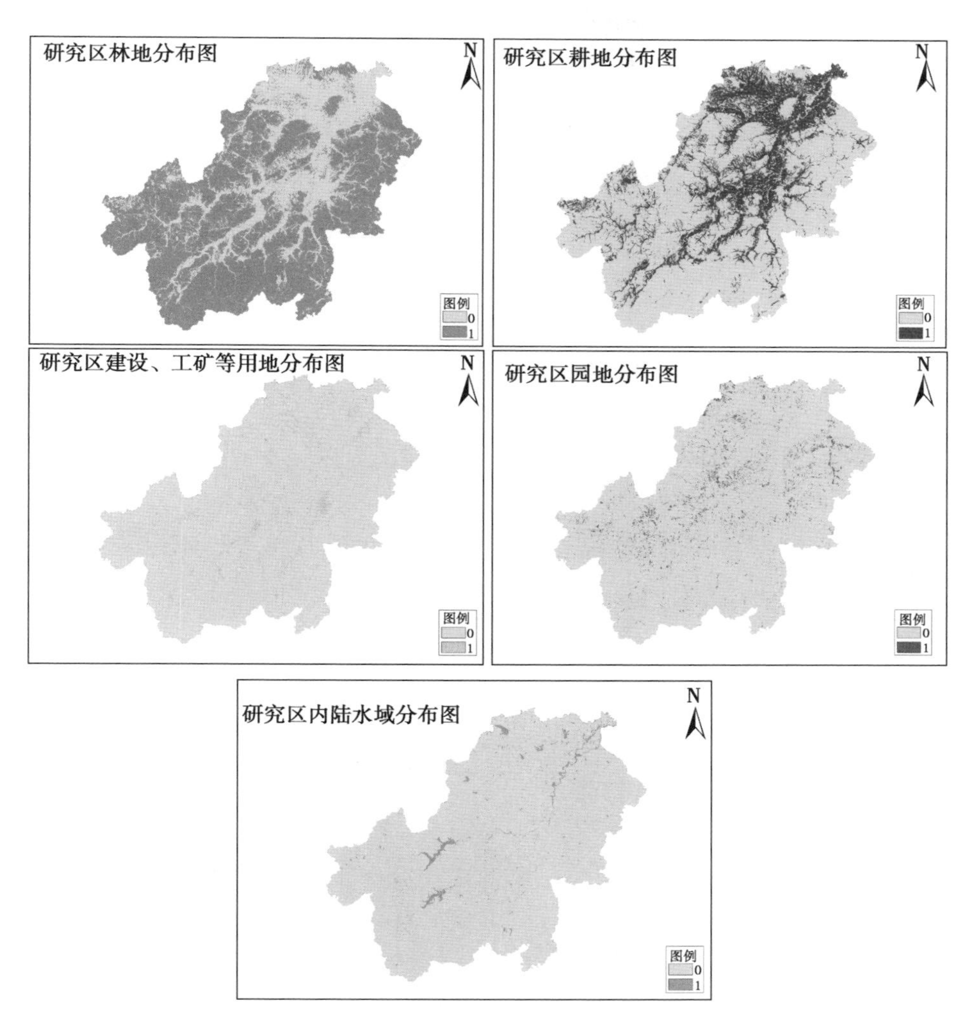

图 5 – 4　研究区 1998 年不同地类分布

说明：各图彩色部分赋值为 1，灰色部分赋值为 0

二、驱动影响因子分布

根据 CLUE-S 模型的需要，将内在驱动因子：距主要干道的距离、距主要内陆河流的距离、距主要内陆湖泊的距离、距县城的距离、距中心镇的距离、高程、坡度和外在驱动因子：农业总产值和人均工业总产值，共计 9 个影响因子依次制作栅格图。

（1）内在驱动因子利用 Arcgis 中的 Find Distance 工具中的欧氏距离将其空间化为 Grid 文件，分级标准以及 CLUE-S 模型中的代码见表 5-6，各内在驱动因子的分级图见图 5-5 至图 5-11，像元为 60m×60m 大小的栅格图像，研究区域栅格列数 1051，栅格行数 924。

表 5-6　内在驱动因子分级标准与 CLUE-S 模型中代码

内在驱动因子	主要说明	分级标准	级数	对应 Logistic 中代码	对应因子代码	参数文件设定
距主要干道的距离	到主要道路的距离图形文件	最近公路 600 米距离间隔	19	Dist Road	X0	Sclgr0. fil
距主要内陆河流的距离	到主要河流的距离图形文件	最近河流距离 600 间隔	36	Dist River	X1	Sclgr1. fil
距主要内陆湖泊的距离	到主要湖泊的距离图形文件	最近河流距离 600 间隔	36	Dist Lake	X2	Sclgr2. fil
距县城的距离	到县城中心的距离图形文件	最近河流距离 600 间隔	75	Dist City	X3	Sclgr3. fil
距中心镇的距离	到主要乡镇中心的距离图形文件	最近河流距离 600 间隔	32	Dist Town	X4	Sclgr4. fil
高程	高程分级图形文件	海拔按照 6 米间隔	263	Elevation	X5	Sclgr5. fil
坡度	坡度分级图形文件	以 1 度为间距分级	69	Slope	X6	Sclgr6. fil

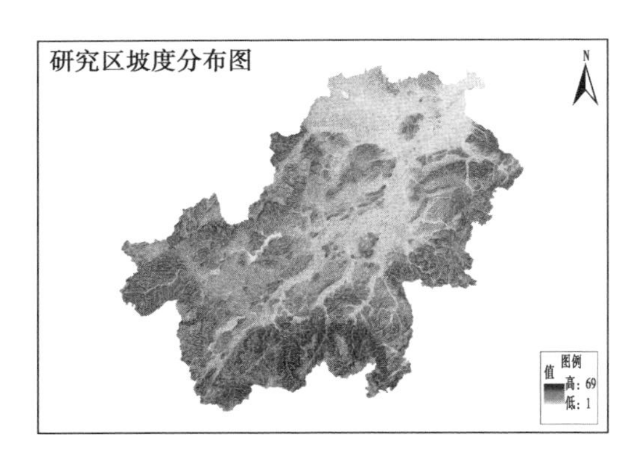

图 5-5　研究区坡度

（2）外在驱动因子利用 Arcgis 中的转换工具将其空间化为 Grid 文件，CLUE-S 模型中的代码见表 5-7，各内在驱动因子的分级图见图 5-12 至图 5-13，像元为 60m×60m 大小的栅格图像，研究区域栅格列数 1051，栅格行数 924。

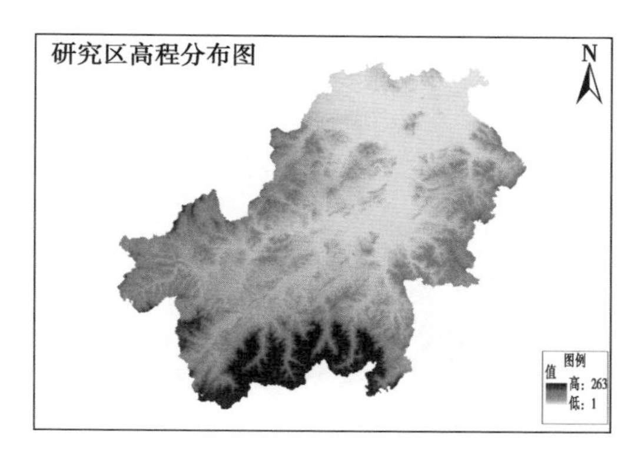

图 5 – 6　研究区高程

图 5 – 7　距最近城市中心距离

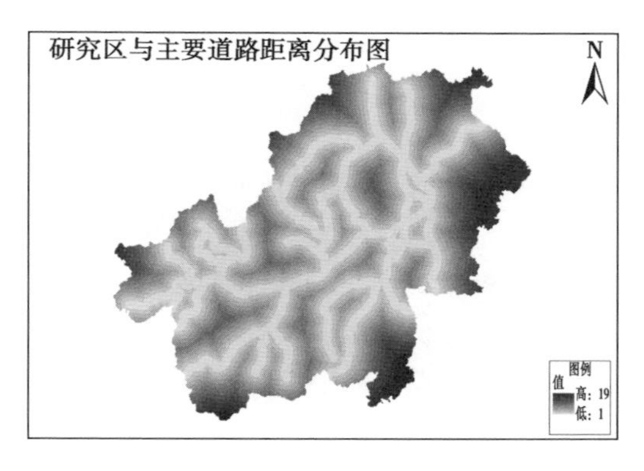

图 5 – 8　距最近道路距离

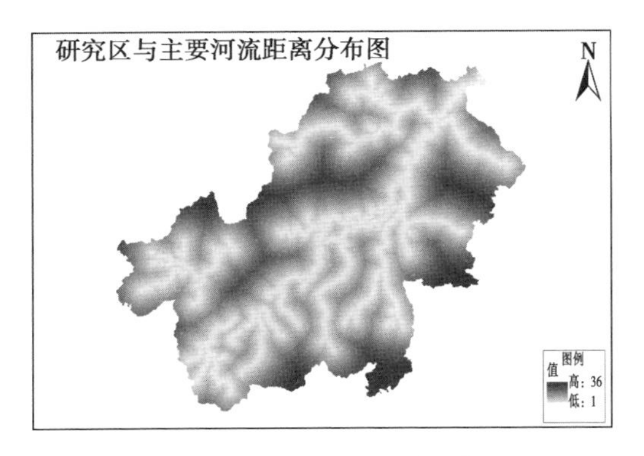

图 5-9　距最近河流距离

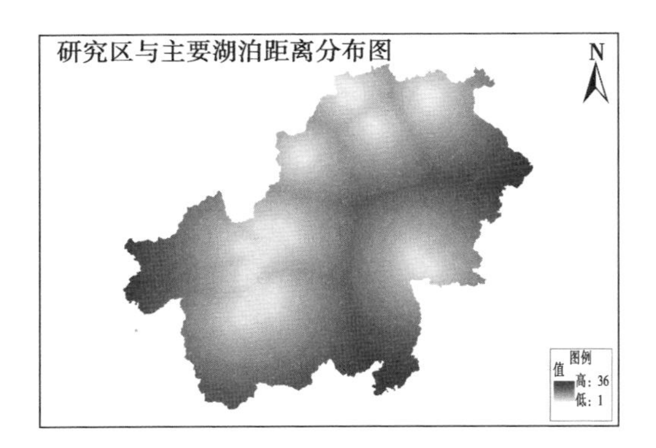

图 5-10　距最近湖泊距离

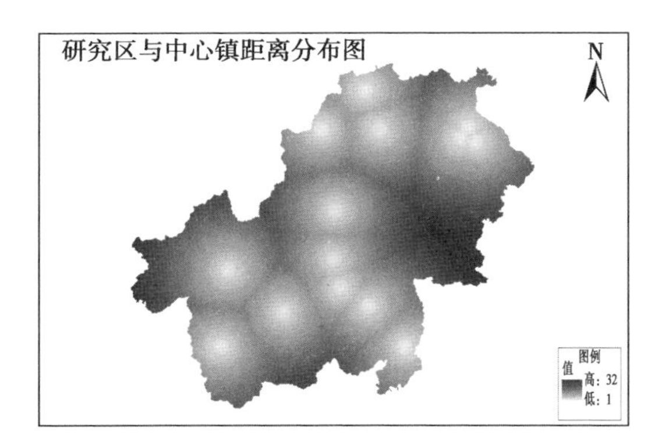

图 5-11　距最近乡镇中心距离

表 5－7　外在驱动因子在 CLUE-S 模型中代码

外在驱动因子	主要说明	对应 Logistic 中代码	对应因子代码	参数文件设定
农业总产值	研究区域农业产品总量	NYCZ	X7	Sclgr7. fil
人均工业总产值	研究区域人均工业产品总量	RJGYCZ	X8	Sclgr8. fil

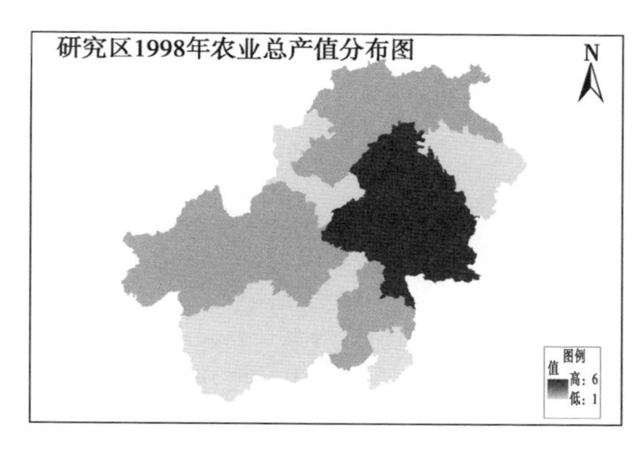

图 5－12　1998 年农业总产值

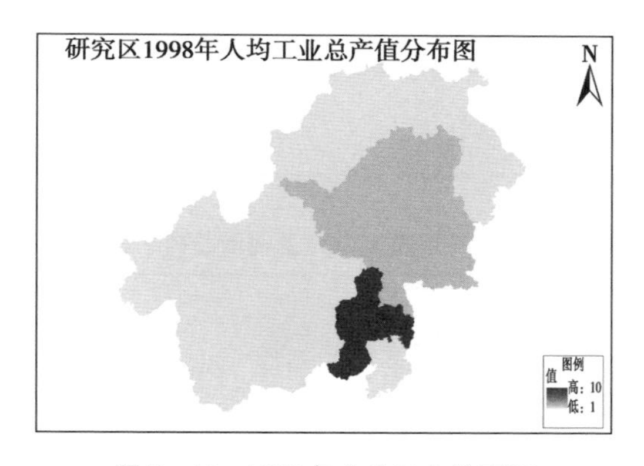

图 5－13　1998 年人均工业总产值

三、逻辑斯蒂模型回归分析

采用 SPSS 统计分析软件，对研究区域各种土地利用类型及其驱动因子进行二元逻辑斯蒂回归分析，目的是解释研究区域土地利用与其驱动因素之间的关系，回归模型中，将土地利用驱动因子作为自变量，各种土地利用类型作为因变量，分别对五种土地利用类型进行回归分析，回归结果见表 5－8 和表 5－9。

逻辑斯蒂回归方程得出的关系系数 Beta（表5－8），该值将作为 CLUE-S 模型中的 alloc. reg 文件内容，并将该文件放入模型中。Beta 系数的以 e 为底的自然幂指数 Exp（B）（表5－9），可以较好地说明解释变量的值变化过程中，对应的土地利用类型发生变化情况。

表5－8　不同土地利用类型二元逻辑回归的 Beta 系数

分配因子与回归指标			地类				
			耕地	林地	内陆水域	建设等用地	园地
			Cov_ 0.0	Cov_ 1.0	Cov_ 2.0	Cov_ 3.0	Cov_ 4.0
驱动因子	距主要干道的距离	Sclgr0. fil	－0.059	0.040	0.145	－0.047	－0.019
	距主要内陆河流的距离	Sclgr1. fil	－0.026	0.033	－0.084	－0.034	0.086
	距主要内陆湖泊的距离	Sclgr2. fil	0.027	－0.017	－0.161	0.001	0.021
	距县城的距离	Sclgr3. fil	0.033	－0.032	0.014	－0.008	0.003
	距中心镇的距离	Sclgr4. fil	0.019	－0.028	0.057	0.010	0.005
	高程	Sclgr5. fil	－0.044	0.050	－0.009	－0.012	－0.035
	坡度	Sclgr6. fil	－0.116	0.126	－0.028	－0.038	0.013
	农业总产值	Sclgr7. fil	0.014	0.029	－0.168	－0.058	－0.146
	人均工业总产值	Sclgr8. fil	0.015	－0.027	0.154	0.059	－0.059
回归参数	常数项		1.025	－1.841	－3.483	－2.190	－3.669
	Chi－square		24 937.50	29 940.46	869.86	780.84	486.208
	Sig		<0.05	<0.05	<0.05	<0.05	<0.05
	－2Loglikelihood		47 890.09	41 859.35	6 652.10	15313.82	10119.14
	ROC 值		0.873	0.911	0.792	0.671	0.680

表5－9　各土地利用类型二元逻辑回归的 Exp（B）系数

分配因子与回归指标			地类				
			耕地	林地	内陆水域	建设等用地	园地
			Cov_ 0.0	Cov_ 1.0	Cov_ 2.0	Cov_ 3.0	Cov_ 4.0
驱动因子	距主要干道的距离	Sclgr0. fil	0.942	1.040	1.156	0.954	0.981
	距主要内陆河流的距离	Sclgr1. fil	0.974	1.034	0.919	0.966	1.090
	距主要内陆湖泊的距离	Sclgr2. fil	1.027	0.983	0.851	1.001	1.022
	距县城的距离	Sclgr3. fil	1.033	0.968	1.014	0.992	1.003
	距中心镇的距离	Sclgr4. fil	1.019	0.973	1.059	1.010	1.005
	高程	Sclgr5. fil	0.957	1.051	0.991	0.988	0.966
	坡度	Sclgr6. fil	0.890	1.134	0.972	0.963	1.013
	农业总产值	Sclgr7. fil	1.014	1.029	0.845	0.943	0.864
	人均工业总产值	Sclgr8. fil	1.015	0.973	1.167	1.061	0.943
	常数项		2.786	0.159	0.031	0.112	0.025

该回归结果采用ROC给予评价，ROC值为0.5～1，该值越接近1，则说明预测效果越好。不同土地利用类型的ROC曲线（图5－14至图5－18）和Beta值（表5－8）可以看出，所有驱动因子均进入不同土地利用类型的回归方程，其中耕地ROC为0.873、林地ROC为0.911和内陆水域ROC为0.792，说明各驱动因子对地类耕地、林地和内陆水域的空间分布格局具有非常好的解释效果，建设等用地和园地ROC曲线下面的面积为0.6～0.7，也说明各驱动

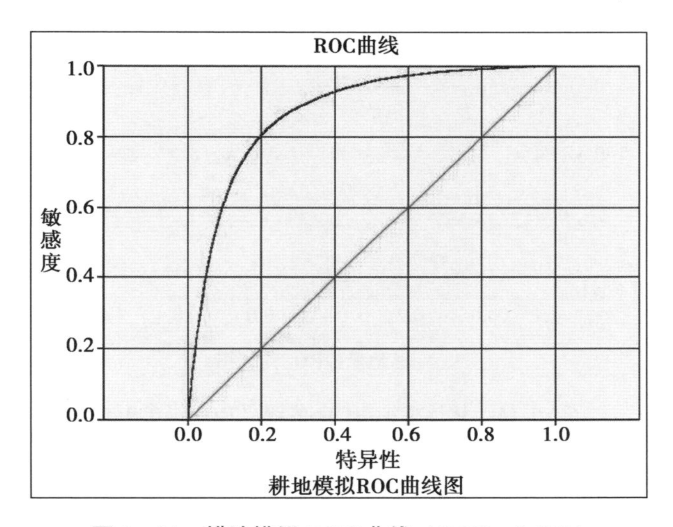

图5－14　耕地模拟ROC曲线（ROC＝0.873）

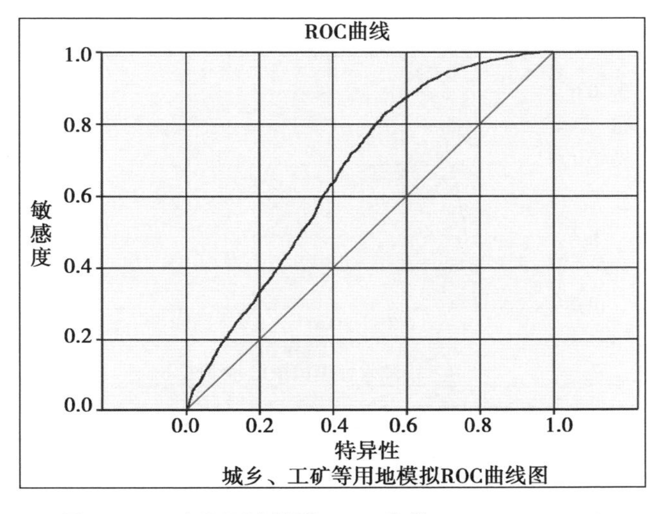

图5－15　建设用地模拟ROC曲线（ROC＝0.671）

因子对地类空间分布格局具有一定的解释效果。因此，通过逻辑斯蒂逐步回归结果分析看出，模型从整体上对研究区域的不同土地利用类型具有较好的解释作用，拟合程度较好。

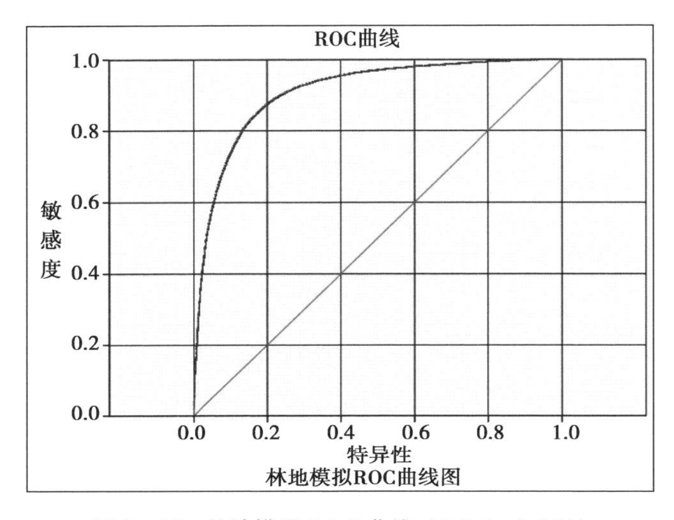

图 5－16　林地模拟 ROC 曲线（ROC＝0.911）

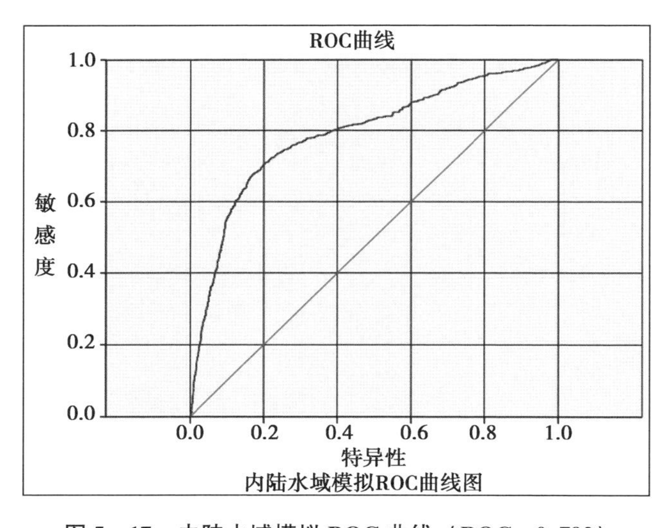

图 5－17　内陆水域模拟 ROC 曲线（ROC＝0.792）

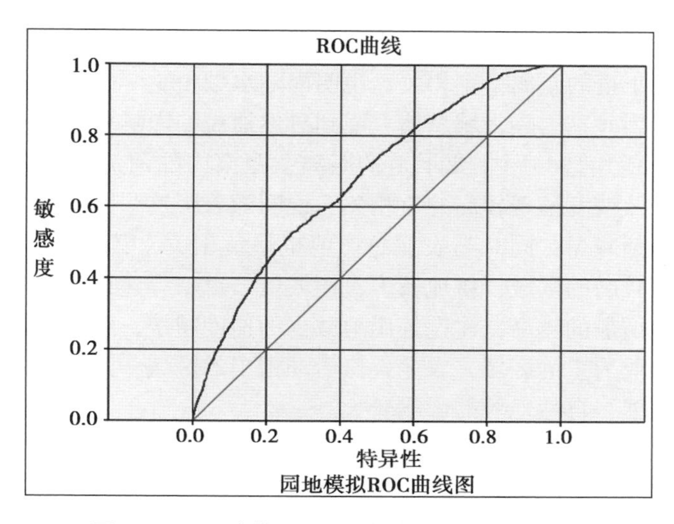

图 5－18 园地模拟 ROC 曲线（ROC＝0.680）

四、回归结果分析

从逻辑斯蒂回归分析的 Beta 和 Exp（B）值（表 5－8、表 5－9）分析看出各种不同土地利用类型与驱动因子之间的相关关系，主要有以下几个方面结果：

（1）耕地与距主要干道的距离、距主要内陆河流的距离、高程与坡度呈现较为明显的负相关，特别是坡度的 Beta 值为 －0.116，负相关最大。说明随着距主要干道、主要内陆河流和中心镇的距离越大，耕地的数量在不断减少，同时随着高程、坡度的级数增加，耕地的数量在不断减少，而且随着地貌的高程和坡度级数增加越大，耕地数量减少的速度越快。说明在该研究区域，耕地主要受到来自自然地貌、工业经济发展和城镇化水平进程的多方面影响，这也是造成耕地不断减少的重要原因。

（2）林地与距主要干道的距离、距主要内陆河流的距离、高程以及坡度呈现较强的正相关，特别是坡度的 Beta 值为 0.126，正相关最大。说明随着距主要干道、内陆河流的距离越大，林地的数量在不断增加，同时随着高程与坡度的级数增加，林地的数量也在不断增加，特别是坡度的级数增加越大，林地数量增加的速度越快。说明林地主要存在于海拔较高、坡度较大的区域，受到自然地貌影响较大。因此林地总体上受到自然地貌、农业经济发展的影响较大，这也是造成林地面积发生变化的重要原因。

(3) 内陆水域与高程、坡度以及农业总产值呈负相关，说明水域的分布随高程和坡度的增加而减少，而且主要水域周边可产生农业产值的区域越少，同时与距主要干道的距离呈正相关，说明内陆水域距主干道越远，则内陆水域分布则较多。因此，内陆水域总体上受到自然地貌的影响更大。

(4) 建设等用地与距主要干道的距离、距离内陆河流的距离、距县城的距离、高程以及坡度呈现较高的负相关，说明随着距这些因子的距离增加，相关建设用地不断减少；同时与农业总产值也呈负相关，其 Betta 值为 -0.058，说明农业产值较高的区域，耕地较多，而城镇、道路等建设用地越少，而且随着农业总产值增加的越高，建设等用地减少的速度越快。因此，说明该区域仍然是一个以农业为主的区域，农业人口活动密集的区域，建设等用地总体上受到经济水平发展、自然地貌的影响较大。

(5) 园地与距主要干道的距离和高程呈现负相关，说明随着与距主要干道越远，高程越大，园地越少，而与距县城的距离、距中心镇的距离呈现正相关，说明距县城的距离、距中心镇的距离越远，则园地越多。

第四节 土地需求

CLUE-S 模型经过多年的改进完善，已经成功地在国内外很多地区获得较成功的应用，针对以县域为基本单元，存在复杂地形的研究区域，模拟的效果如何，需要进行验证。本研究只能在通过验证后，才能应用该模型对研究区域未来的土地利用变化进行模拟预测。因此，本研究以 1998 年土地利用数据位基础，运用 CLUE-S 模型模拟 2009 年的土地利用图（表 5 - 10），并用 2009 年遥感解译的实际土地利用图进行对照，从而评价模拟效果是否达到要求。

表 5 - 10 不同土地利用目标情景下的用地需求 (hm^2)

情景模式	耕地	林地	内陆水域	城乡、工矿及居民点用地	园地
2009 年土地利用	38 289.96	127 684.08	3 179.52	13 610.88	7 082.64
生态安全情景	33 191.31	127 684.08	3 179.52	15 829.00	9 963.17
粮食安全情景	38 289.96	124 677.50	2 484.00	16 730.11	7 665.52
自然发展情景	28 092.67	132 981.19	2 252.16	18 047.13	8 473.94
土地规划情景	35 086.53	123 006.48	2 229.30	18 152.23	11 372.54

一、精度验证土地需求

模拟期间内需要每年各个土地利用类型所需要的土地需求面积，同时模拟的初始年份与模拟末年的土地利用需求总量保持不变。研究为了提高模拟的精度，以1998年和2009年的实际土地利用数据为基础，将两年土地利用数据按照9个二级地类合并为5个一级地类（表5－5）。并假定自1998—2009年过程中，各个土地利用类型为匀速变化，通过线性内插法（盛晟，2008）计算出1999—2008年不同类型的土地利用需求量。

二、情景模拟土地需求

情景模拟分析于1972年美国Pieer War提出，是基于假设某种现象或某种趋势持续到未来，从而对预测对象可能出现的情况或者引起的后果做出预测的方法。本研究对象是县域土地利用空间格局变化，根据CLUE-S模型特点，研究将土地利用类型数量的需求作为情景假设条件，并将这种情景变化输入到模型中，以分析其对研究区域土地利用空间分布的影响。

浙江安吉属于一个完整的县域行政单元，在行政边界上具有一致性。从目前政策环境与研究对象的经济、生态和发展模式来看，浙江安吉在未来15年的土地利用变化大致可以分为以下四种情景，即生态安全情景、粮食安全情景、自然发展情景以及土地规划情景。

（一）生态安全情景

生态安全是人类在生产、生活和健康等方面不受生态破坏与环境污染等影响的保障程度。习近平总书记指出：“我们既要绿水青山，也要金山银山。宁要绿水青山，不要金山银山，而且绿水青山就是金山银山。”因此，在未来区域发展过程中，注重经济增长发展的同时，将更加注重生态环境改善与保护。长期以来，浙江安吉注重生态环境保护，但是水域等土地利用类型近年持续减少，水域面积由1998—2009年减少16.5%。因此，该情景以1998—2009年土地利用数据为基础，假设至2025年研究范围林地和水域面积保持在2009年水平而不发生变化，其他土地利用类型依然按照1998—2009年水平发展变化，2010—2025年各地类需求量。

（二）粮食安全情景

该情景是以保证粮食生产所需要的耕地为主要目标，研究区土地利用需求总体不受自然条件影响，但是随着城镇化的快速发展，耕地的面积自1998—2009年历年呈递减的趋势，较1998年，2009年耕地面积减少了15.6%，若继续按照这种趋势发展，会导致农业发展不平衡，为了保证区域粮食产量持续稳定，假定未来耕地面积不发生变化，而其他土地利用类型需求量按照自然增长情景预测，2010—2025 年各地类需求量。

（三）自然发展情景

该情景是以浙江安吉自 1998—2009 年实际的土地利用变化数量为基础，并假设从 2010—2025 年之间各土地利用类型的数量变化不受到外部政策和环境的较大影响，并继续按照 1998—2009 年稳定的速率发生变化，通过历史推演得到 2010—2025 年间逐年的各土地利用类型的需求量。

（四）土地规划情景

该情景是参考《浙江安吉土地利用总体规划（2006—2025 年）》，该土地利用总体规划修编是全面贯彻落实科学发展观，坚持“保护、保障、挖潜、集约和利用”总体要求。研究对 2009 年实际各地类面积至 2025 年的规划面积进行线性内插，得到 2010—2025 年逐年的个土地利用需求量。

第五节　模型模拟设置

一、初年土地分布

本研究模拟初年的土地利用图即精度验证的模拟初年为 1998 年，通过采用中心属性值聚合法获取各种土地利用类型栅格图，构成土地利用分布图，详见图 5－19。

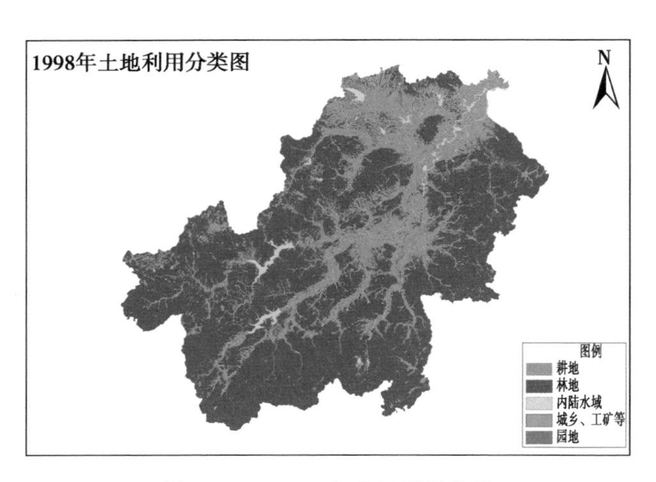

图 5－19　1998 年土地利用分类

二、转换矩阵设置

土地利用转换矩阵设置可以通过两种方式实现：一是通过模型用户界面“ange matrix”按钮设置；二是通过编辑安装目录下的 allow. txt 文件来实现。本研究通过实地调研与专家判断，假定在模拟期间研究区域内的所有地类均发生相互转换，其对应的转换矩阵（表 5 – 11）。

表 5 – 11　研究区内不同土地利用类型之间的转换规则

土地利用类型	耕地	林地	内陆水域	城乡、工矿及居民点用地	园地
耕地	1	1	1	1	1
林地	1	1	1	1	1
内陆水域	1	1	1	1	1
城乡、工矿及居民点用地	1	1	1	1	1
园地	1	1	1	1	1

三、稳定规则设置

稳定性参数的设置通常是依靠对研究区域土地利用变化的理解，同时参考知识经验，在模型检验的过程中，也可以对其进行调试。稳定性参数的调试对模拟结果的影响较大，所以通常需要多次调试从而选择一个较为合适的参数方案（表 5 – 12）。

表 5 – 12　研究区内不同土地利用类型之间的稳定参数

土地类型	耕地	林地	内陆水域	城乡、工矿及居民点用地	园地
稳定性参数	0.6	0.5	0.9	1	0.5

四、区域约束设置

作为限制区域图，文件内容只有 0 与 –9998，其中 0 表示土地利用类型可以发生变化的区域，–9998 表示土地利用类型不能发生转变的区域。依据精度验证与情景模拟的土地需求方案，本研究需要设定三个区域限制文件：

方案一是精度验证、自然发展情景与土地规划情景，限制区域图全部赋值为 0，不受任何限制，土地利用类型之间可以相互转换（图 5 – 20）。

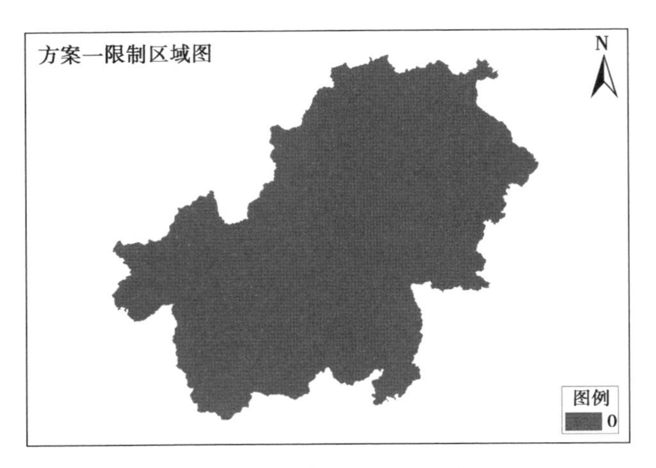

图5－20　方案一限制区域

方案二是生态安全情景，限制区域图中林地和水域不发生转换，设置为－9998，其他区域设置为0（图5－21）。

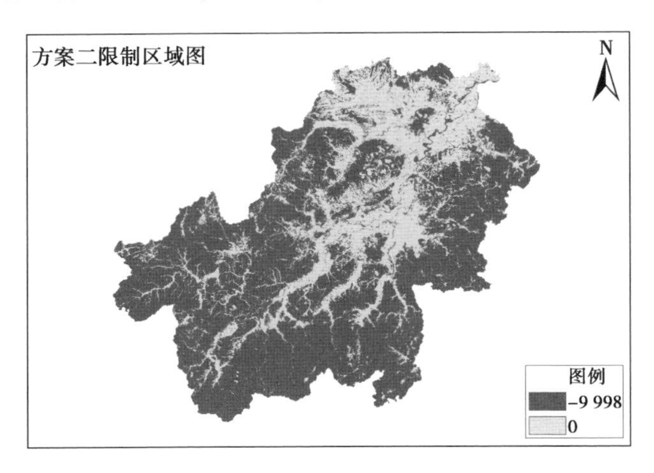

图5－21　方案二限制区域

方案三是粮食安全情景，限制区域图中耕地不发生转换，设置为－9998，其他区域设置为0（图5－22）。

五、主要参数设置

依据空间分析相关结果，对模拟运算时的主参数main1（Main Parameters）进行参数设置，并保存为“txt”文档（表5－13）。

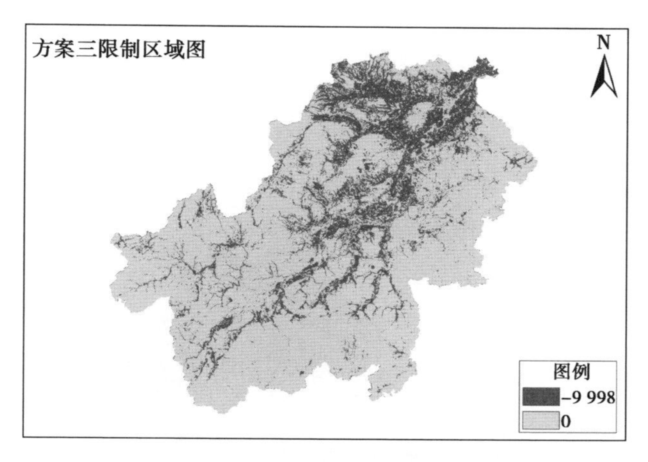

图 5－22　方案三限制区域

表 5－13　Main 主参数设置

参数名称	类型	设置
土地利用类型数量	整数型	5
区域数量（包括限制区域）	整数型	1
回归方程中的最大自变量数	整数型	9
总的驱动因子数	整数型	9
行数	整数型	924
列数	整数型	1051
像元面积（hm^2）	浮点型	0.36
原点 X 坐标	浮点型	21924.97018535
原点 Y 坐标	浮点型	41728.214343004
土地利用类型的数字编码	整数型	0 1 2 3 4
土地利用转移弹性编码	浮点型	0.6 0.5 0.9 1 0.5
迭代变量	浮点型	0 0.3 1
情景模拟起始和结束年份	整数型	1998 2025
动态变化解释因子的数字和编码	整数型	0
输出文件选项（1、0、－2 或 2）	整数型	1
区域具体回归选项（0、1 或 2）	整数型	0
土地利用初始状况（0、1 或 2）	整数型	1 2
邻域计算选项（0、1 或 2）	整数型	0
空间位置具体附加说明	整数型	0

第六节　精度验证模拟结果

按照以上参数设定，以 1998 年研究区域土地利用类型数据作为初期，模拟 2009 年研究区域不同土地利用类型的空间分布，结果见图 5－23。

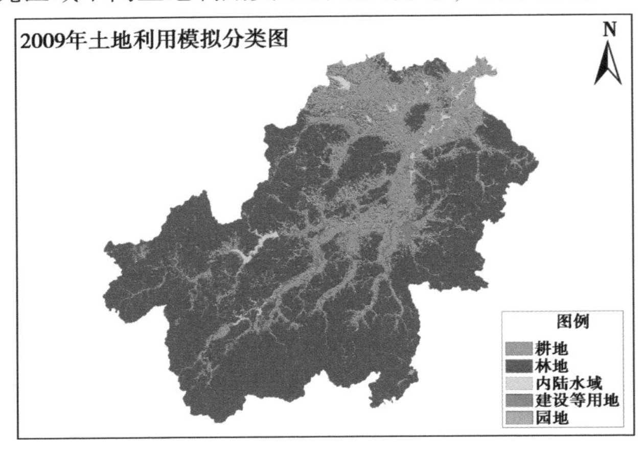

图 5－23　浙江安吉 2009 年土地利用模拟分类

将研究区域 2009 年模拟分类图与现状分类图进行比较，运用 *Kappa* 指数对其吻合程度进行检验。通过栅格计算器将 2009 年模拟与现状分类图进行相减运算，提取出 0 值栅格个数，即模拟正确的栅格数，共计 0 值像元个数为 429525 个，占总栅格数 527353 的 81.45%，所以 $P_0=0.8145$。由于共有 5 种土地利用类型，每个栅格随机模拟情况下的正确率 $Pc=1/5$，理想分类情况的正确模拟率 $P_p=1$。因此，通过公式计算得到 *Kappa* 指数为 0.768。

因此，以上模拟结果比较理想，说明本研究中选取的内在驱动因子和外在驱动因子能够较好地解释各类土地利用空间变化驱动机制和作用，应用 CLUE-S 模型能够较好地模拟浙江安吉的土地利用与土地覆被空间变化，同时可以将其应用于不同土地利用需求情景下的土地利用与土地覆被变化模拟。

第七节　不同情景模拟结果

一、生态安全情景模拟结果

将生态安全情景需求方案（demand. in2）和区域约束方案 2（region_park1. fil）的数据输入模型中，对研究区域 2025 年土地利用变化进行模拟，结果如图 5－24 所示。

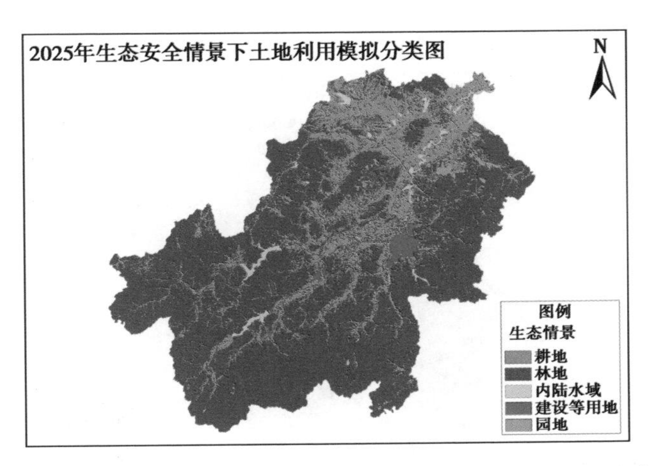

图 5－24 浙江安吉 2025 年生态安全情景下土地利用模拟分类

从 2025 年模拟结果与土地利用现状空间分布比较，主要呈现以下特点：

(1) 内陆水域与林地保持较好，建设用地增长较快，主要增长出现在经济发展速度较快以及基础设施较好的递铺镇中心城区，在上墅镇和天荒坪镇的沟壑狭长地带也有少量增长；

(2) 耕地减少较为明显，主要分布在主要以农业种植为主的高禹镇、梅溪镇，在递铺镇的北部也有一定的数量减少。

通过调研发现，研究区域生态环境保护总体上较好，但是在局部区域，比如狭长沟壑区域、主要水体周边，仍然出现建设无序的永久性建筑，占用了大量的其他用地类型，生态环境存在一定的风险性和脆弱性。单纯的生态安全情景下，林地与内陆水域的占地面积得到基本保障，但是经济发展和小城镇建设所占用的建设用地仍然在持续增加，造成耕地面积的较快减少，因此，如何在保护了生态环境建设所需用地的同时，又能保障耕地数量，是一个亟待解决的问题。

二、粮食安全情景模拟结果

将粮食安全情景需求方案（demand. in3）和区域约束方案 3（region_park2. fil）的数据输入模型中，对研究区域 2025 年土地利用变化进行模拟，结果如图 5－25 所示。

从 2025 年模拟结果与土地利用现状空间分布比较，主要呈现以下特点：

(1) 内陆水域呈现分布减少的趋势，特别是分布于递铺镇范围的河道大量减少，部分湖泊也缩小面积；而林地保持较好，从分布上来看，只有少量林地转换为其他用地类型。

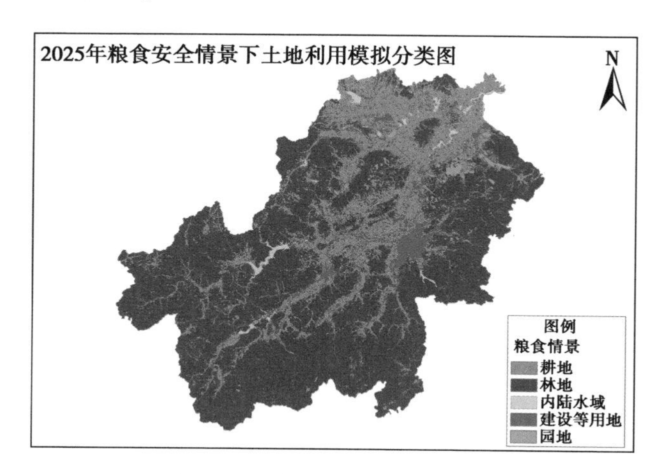

图 5－25　浙江安吉 2025 年粮食安全情景下土地利用模拟分类

（2）建设用地增长明显，主要增长出现在经济发展速度较快的递铺镇中心城区，梅溪镇、溪龙镇的建设用地分布也出现较为明显的增长。

粮食安全是一个复杂的系统工程，保证农作物种植所需要的耕地资源是基础，也是对国家基本农田保护政策的具体落实。研究区域的地形地貌决定了耕地资源扩展的有限性，按照 1998—2009 年的发展趋势，耕地数量将会呈现持续减少，因此保证现有耕地数量不发生占用是操作性较强的方法之一。在粮食安全情景下，耕地资源在数量上和空间分布上得到了基本保障，但是建设用地的持续增加，造成了林地与内陆水域面积的减少，一定程度上会对区域环境造成威胁。

三、自然发展情景模拟结果

将自然发展情景需求方案（demand. in4）和区域约束方案 1（region_ no-park. fil）的数据输入模型中，对研究区域 2025 年土地利用变化进行模拟，结果如图 5－26 所示。

从 2025 年模拟结果与土地利用现状空间分布比较，主要呈现以下特点：

（1）内陆水域呈现一定变化，而林地保持较好，位于递铺镇和报福镇的部分水域转换为其他用地类型，主要分布林地的杭垓镇、章村镇、报福镇、孝丰镇、上墅镇和天荒坪镇持续实现林地增长；

（2）建设用地增长明显，主要增长出现在经济发展速度较快递铺镇中心城区以及孝丰镇、上墅镇和天荒坪的狭长沟壑区域，并且在分布上呈现与中心城区聚集的趋势，而在高禹镇、梅溪镇、溪龙镇和良朋镇的建设用地分布未出现明显增长；

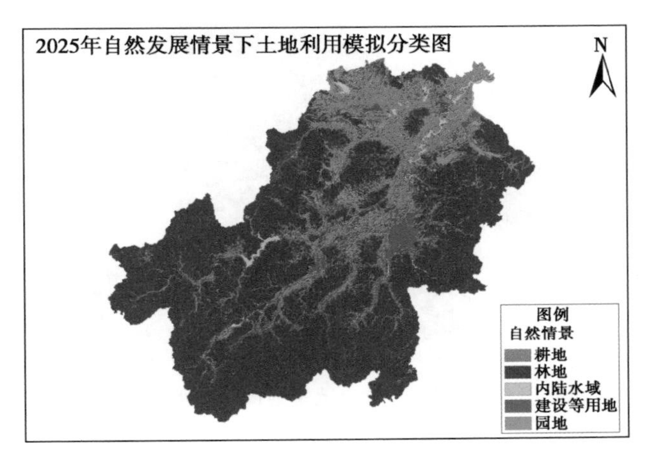

图 5－26　浙江安吉 2025 年自然发展情景下土地利用模拟分类

（3）耕地减少较为明显，主要分布在主要以农业种植为主的孝丰镇、上墅镇和天荒坪沟壑区的耕地大部分转换为建设用地，而东北部高禹镇、梅溪镇、溪龙镇和良朋镇的耕地分布仍然保持较好，未呈现出明显减少趋势。

按照 1998—2009 年土地利用变化速率推算至 2025 年各土地利用类型的逐年数据，在变化的过程中，不设置任何的约束条件，从数量结果和空间分布结果来看，由于耕地的大幅减少，会对以种植水稻为主的这一区域构成较大的威胁，同时城镇化的快速扩张是以挤占周边优质耕地为代价，使得在这一区域水稻种植水平会大幅下降，粮食安全会受到较大的威胁。然而林地在这一特定情境下呈现持续增加的趋势，无疑在小城镇快速发展的过程中，林地对生态安全的保持具有一定的积极作用。

四、土地规划情景模拟结果

将土地规划情景需求方案（demand. in5）和区域约束方案 1（region_ no-park. fil）的数据输入模型中，对研究区域 2025 年土地利用变化进行模拟，结果如图 5－27 所示。

从 2025 年模拟结果与土地利用现状空间分布比较，主要呈现以下特点：

（1）内陆水域减少趋势明显，而林地分布保持较好，位于递铺镇、梅溪镇和报福镇的部分水域转换为其他用地类型，杭垓镇、章村镇、报福镇、孝丰镇、上墅镇和天荒坪镇的林地分布未出现较为明显变化；

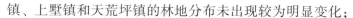

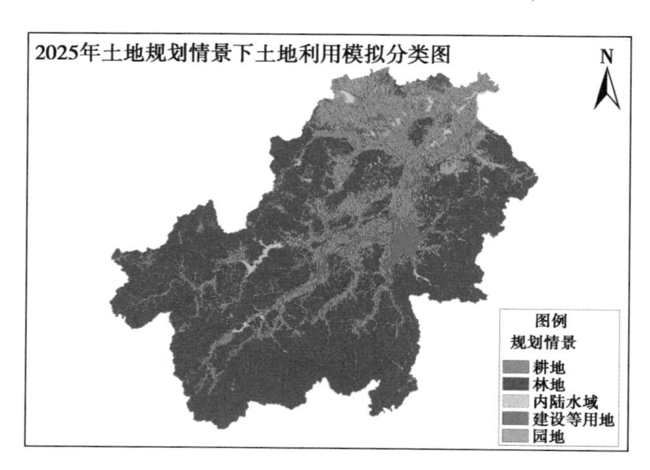

图 5－27　浙江安吉 2025 年土地规划情景下土地利用模拟分类

（2）建设用地增长明显，主要增长出现在经济发展速度较快的递铺镇中心城区，溪龙镇与梅溪镇也增长明显，孝丰镇、天荒坪的狭长沟壑区域也出现明显转换，并且在分布上呈现建设用地分布向北增长的趋势；

（3）耕地减少仍然较为明显，从分布图可以看出，减少的耕地分布区域主要集中出现大量建设用地。

《浙江安吉土地利用总体规划（2006—2025 年）》是安吉针对自身发展需要以及法规允许的地类土地增量下编制的规划，从数据来看，耕地、林地、水域面积均呈现较大幅度的下降，而建设用地与园地大幅度增加。当前，安吉农业仍然处于较为传统的农业水平，工业较少，主要经济收入是依靠茶叶种植、茶叶加工、经济林种植等。因此，从安吉本身需求来看，减少传统农业种植，增加园地面积，加大农业附加值较高的加工业所需土地面积，符合安吉社会经济发展的需要，但是从长远来看，不可逆的建设用地占用大量优质耕地与林地，势必对生态环境安全和粮食生产安全带来威胁。社会经济发展所带来的产业结构调整与生态环境安全所需要的资源环境所产生的矛盾势必更加突出。

第六章 研究区土地利用与土地覆被景观格局评价

第一节 景观空间格局指数选取

景观结构是指景观组成单元的特征与空间格局，表示景观元素斑块和结构成分的类型、数量以及空间分布与配置模式，它是研究景观功能与动态变化的基础。县域的土地利用景观格局是人类和自然相互作用，并按一定规律经营斑块所组成的具有一定结构和功能的有机体。本研究从宏观上定量分析不同情景模拟下土地利用景观空间结构变化，并进行对比分析，促进更好理解土地利用变化过程中生态过程与社会经济的结果，为制定区域社会经济发展和生态环境保护政策提供依据。

景观格局指数高度浓缩景观格局信息，可直接反映景观结构组成和空间配置特征（邬建国，2000）。依据对景观格局研究的不断深入，定量描述指标的数量和复杂程度也在增加，一般可按 3 个层次上进行分析：①单个斑块（Patch），通常用斑块水平指数描述（Patch-level index）；②斑块类型（Class），通常用斑块类型水平指数描述（Class-level index）；③整体景观（Landscape），通常用整体景观水平指数描述（Landscape-level index）。研究利用美国俄勒冈州立大学森林科学系开发的 Fragstats 景观格局指标计算软件进行计算，该软件可计算出 59 个景观指标，斑块水平指数是计算其他景观指数的基础，但是对了解整个景观的结构并不具有较大的解释价值。因此，依据本研究目标和指标侧重点不同，本研究主要从斑块类型和整体景观两个尺度的指标进行计算。

斑块类指数包括景观比例（*Percentage of Landscape*，*PLAND*）、边界密度（*Edge Density*，*ED*）、最大斑块指数（*Largest Patch Index*，*LPI*）与聚集度（*Aggregation Index*，*AI*），相关计算公式与表达意义如下：

（1）景观比例（*Percentage of Landscape*，*PLAND*），主要是反映不同土地利用类型的面积占景观总面积中所占的比例。该指标度量景观的组分，可作为确定景观中优势景观元素、生物多样性、优势种和数量等生态系统指标的重要因素。计算公式如下：

$$PLAND = P_i = \frac{\sum_{j=1}^{n} a_{ij}}{A} \qquad （公式 6-1）$$

式中，P_i 指某一斑块类型的总面积占整个景观面积的百分比，其值趋于 0 时，说明景观中此类板块类型变得十分稀少；其值趋于 1 时，说明整个景观只由一类斑块组成；aij 为斑块 ij 的面积（m^2）；A 为景观总面积（m^2）。

（2）边界密度（*Edge Density*，*ED*），反映单位面积上某一种土地利用类型的斑块边界长度。计算公式如下：

$$ED = \frac{\sum_{k=1}^{m} e_{ik}}{A}(1\ 000) \qquad （公式 6-2）$$

式中，e_{ik} 指第 i 类土地利用类型斑块的边界总长度（m）；A 为景观总面积（m^2）。

（3）最大斑块指数（*Largest Patch Index*，*LPI*），反映某一种土地利用类型中最大斑块占景观总面积的比例。计算公式如下：

$$LPI = \frac{MAX_{i=1}^{n}(a_{ij})}{A}(100) \qquad （公式 6-3）$$

式中，a_{ij} 为斑块 ij 的面积（m^2）；A 为景观总面积（m^2）。

（4）聚集度（*Aggregation Index*，*AI*），反映了景观体系中不同土地利用类型斑块的聚集程度。计算公式如下：

$$AI = \left[1 + \sum_{i=1}^{m} \sum_{j=1}^{n} \frac{P_{ij}\ln(P_{ij})}{2\ln(m)}\right](100) \qquad （公式 6-4）$$

式中，m 是斑块类型总数，P_{ij} 是随机选择的两个相邻栅格细胞属于类型 i 和 j 的概率。聚集度的取值受到类型总数及其均匀度的影响，取值范围为 $0 < AI \leq 100$。

整体景观指数包括面积加权平均斑块分维数（*Area Weighted Mean Patch Fractal Dimension*，*AWMPFD*）、景观形状指数（*Landscape Shape Index*，*LSI*）、*Shannon* 多样性指数（*Shannon's Diversity Index*，*SHDI*）与 *Shannon* 均匀度指数（*Shannon's evenness Index*，*SHEI*），相关计算公式与表达意义如下：

（1）面积加权平均斑块分维数（*Area Weighted Mean Patch Fractal Dimension*，*AWMPFD*），反映景观中某一种土地利用类型斑块的自相似性，结果趋近于 1，则自相似性越强，斑块的几何形状越简单，表明受干扰的程度越大。计算公式如下：

$$AWMPFD = \sum_{i=1}^{m} \sum_{j=1}^{n} \left[\frac{2\ln(0.25P_{ij})}{\ln(a_{ij})}\left(\frac{aij}{A}\right)\right] \qquad （公式 6-5）$$

式中，P_{ij} 为景观中 i 种土地利用类型斑块 ij 的周长（m）；a_{ij} 为景观中 i 种土地利用类型斑块 ij 的面积（m^2）。*AWMPFD* 是景观中单个斑块的分维数以面积为基准的加权平均值，取值范围：$1 \leq AWMPFD \leq 2$。

（2）景观形状指数（*Landscape Shape Index*，*LSI*），反映某种土地利用类型斑块形状的复杂程度。计算公式如下：

$$LSI = \frac{0.25e_i}{\sqrt{A}} \qquad \text{（公式 6-6）}$$

式中，$LSI \geq 1$ 无上限；当景观中只有一个正方形斑块时，$LSI = 1$；当景观中斑块形状不规则或偏离正方形时，*LSI* 值增大。*LSI* 可看做是对斑块聚集或离散程度的度量，与类型尺度上的解释相似，随着它的增大，斑块越来越离散。

（3）*Shannon* 多样性指数（*Shannon's Diversity Index*，*SHDI*），反映景观中土地利用类型的数目和各类型所占景观面积比例的变化。该指数对景观异质性，特别是对景观中各斑块类型非均衡分布状况较为敏感。在景观系统中，土地利用越丰富，破碎化程度越高，*SHDI* 值就越高。计算公式如下：

$$SHDI = -\sum_{i=1}^{m}(p_i \ln p_i) \qquad \text{（公式 6-7）}$$

式中，p_i 为景观被斑块类型所占据的比率，是基于全部景观面积包括内部背景。$SHDI \geq 0$，若 $SHDI = 0$ 表明整个景观仅由一个斑块组成；*SHDI* 增大，说明斑块类型增加或各斑块类型在景观中呈均衡化趋势分布。

（4）*Shannon* 均匀度指数（*Shannon's evenness Index*，*SHEI*）等于 *Shannon* 多样性指数与斑块类型数自然对数的比值，反映了不同类型斑块的面积分布均匀时得到最大的均匀度，也是优势度的补充。

$$SHEI = \frac{1 - \sum_{i=1}^{m} p_i^2}{1 - \left(\frac{1}{m}\right)} \qquad \text{（公式 6-8）}$$

式中，P_i 为景观被斑块类型 i 的面积比重，m 为景观中的斑块类型数。该指标没有单位，其取值范围为 $0 \leq SIEI \leq 1$。随着景观中不同斑块类型面积比重越来越不平衡，指标值不断向 0 接近；当整个景观只有一个斑块组成时，$SIEI = 0$；当景观中各斑块类型面积比重相同时，$SIEI = 1$。

第二节　景观空间格局样带设置与数据处理

一、样带设置

本章研究采用梯度分析的方法，选择两条研究样带分别为自西向东横贯县城中心的一条 $45 \times 3km^2$ 样带和自北向南横贯县城中心的一条 $33 \times 3km^2$ 样带（图 6－1）。由东向西样带依次经过递铺镇、皈山镇、孝丰镇和杭垓镇 4 个乡镇，由北向南样带依次经过高禹镇、梅溪镇、良朋镇和递铺镇 4 个乡镇。样带在设置上除了考虑土地利用类型的多样性外，还考虑了地形因素对景观格局的影响，由东向西样带两端均为山地，中部还有平原，而由北往南样带地形主要是由平原逐渐过渡到山地地形，具有较强的代表性。

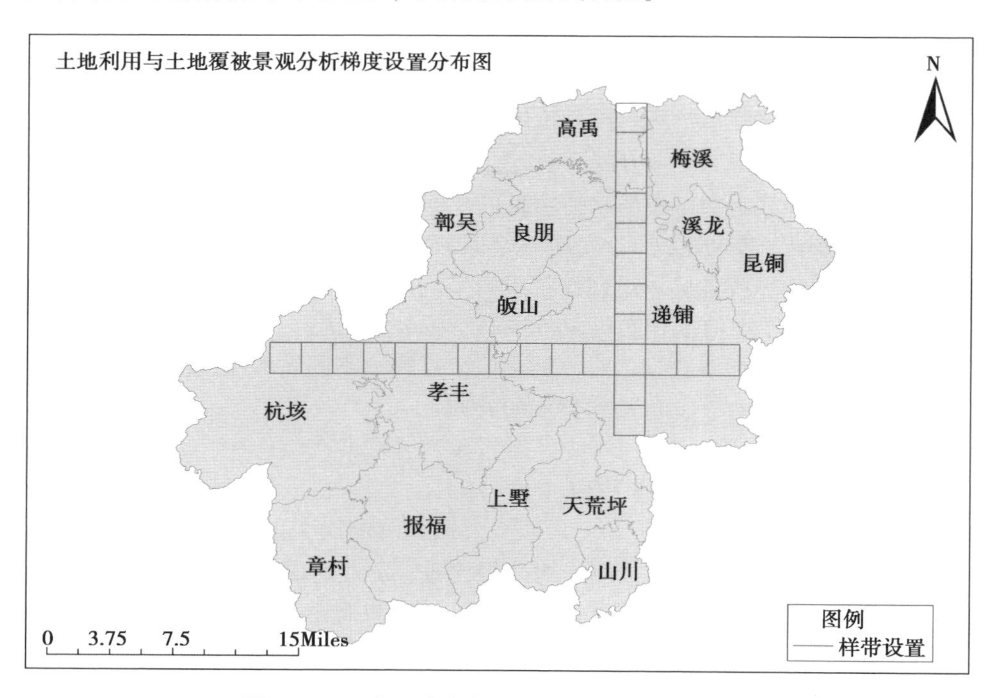

图 6－1　研究区域由东向西和由北向南样带分布

研究过程具体采用移动窗口法对浙江安吉的土地利用景观格局进行梯度分析，采用 $3 \times 3km^2$ 的方格将由北往南样带分割为 11 个样方，由东向西样带分割为 15 个样方。分析过程中采用 $3 \times 3km^2$（一个样方大小）组成的移动窗口，沿由北往南和由东向西两条样带每次移动一个样方，距离为 3km，再用 *FRAG-*

STATS 软件计算每个样方的景观指数。为便于对相关景观指数进行分析和说明，本研究将浙江安吉城市中心标记为 0km 点，其他样方则根据其中心到中心标记的距离来表示，其中 0km 以东和以南为正值，以西和以北为负值。

二、数据处理

本章研究所采用的数据为 1998 年与 2009 年遥感影像解译土地利用与土地覆被数据，其次是 4 种不同情景下模拟的 2025 年土地利用与土地覆被数据，所有数据均为土地利用类型栅格图像（图 6－2）。

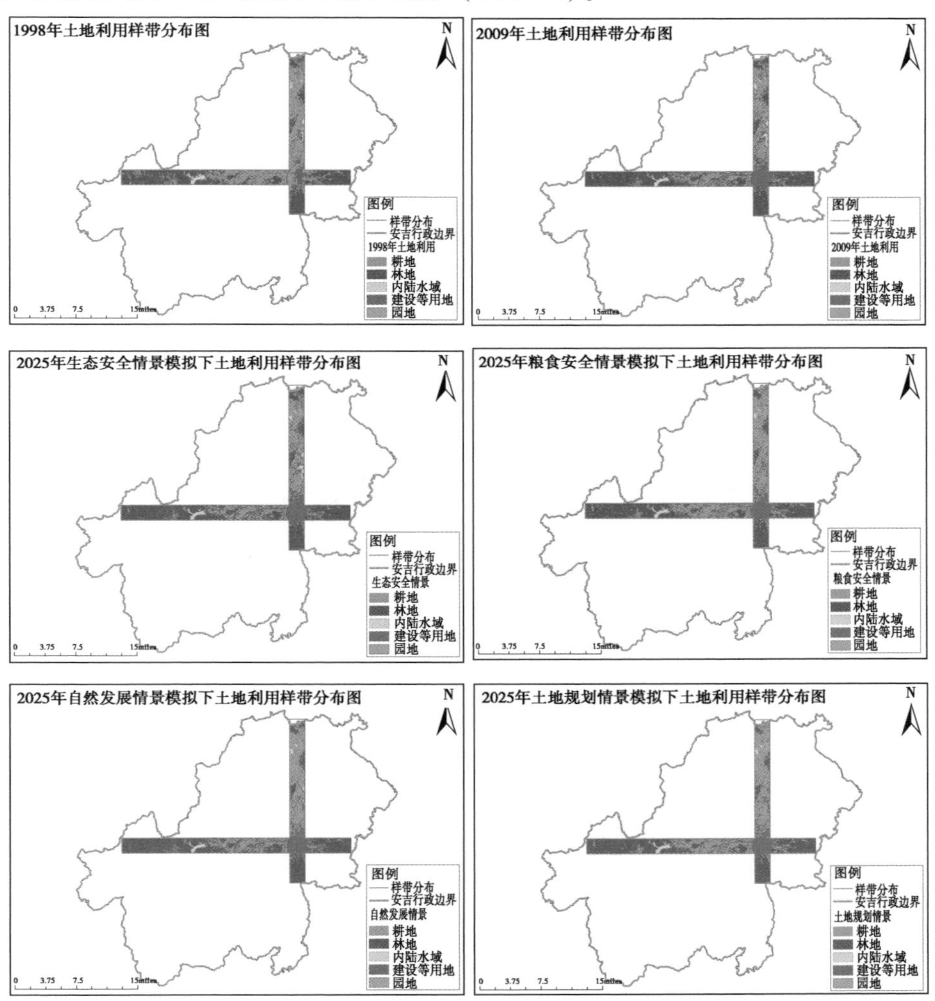

图 6－2　1998 年、2009 年和 2025 年不同情景下样带分布

第三节 不同情景模拟斑块类景观梯度分析

在由东向西和由北往南两天样带上，内陆水域面积所占的比例很小，基本上不会对两条样带的八种景观指数产生影响。因此，本部分研究不再考虑内陆水域的景观梯度，主要是针对耕地、林地、园地和建设用地的景观变化结构予以分析。

一、东西样带斑块类层次上景观梯度分析

（一）耕地用地斑块类层次上景观梯度对比分析

由图 6－3 可以看出，在东西样带上，耕地在斑块类层次上景观指数变化主要体现以下特点：

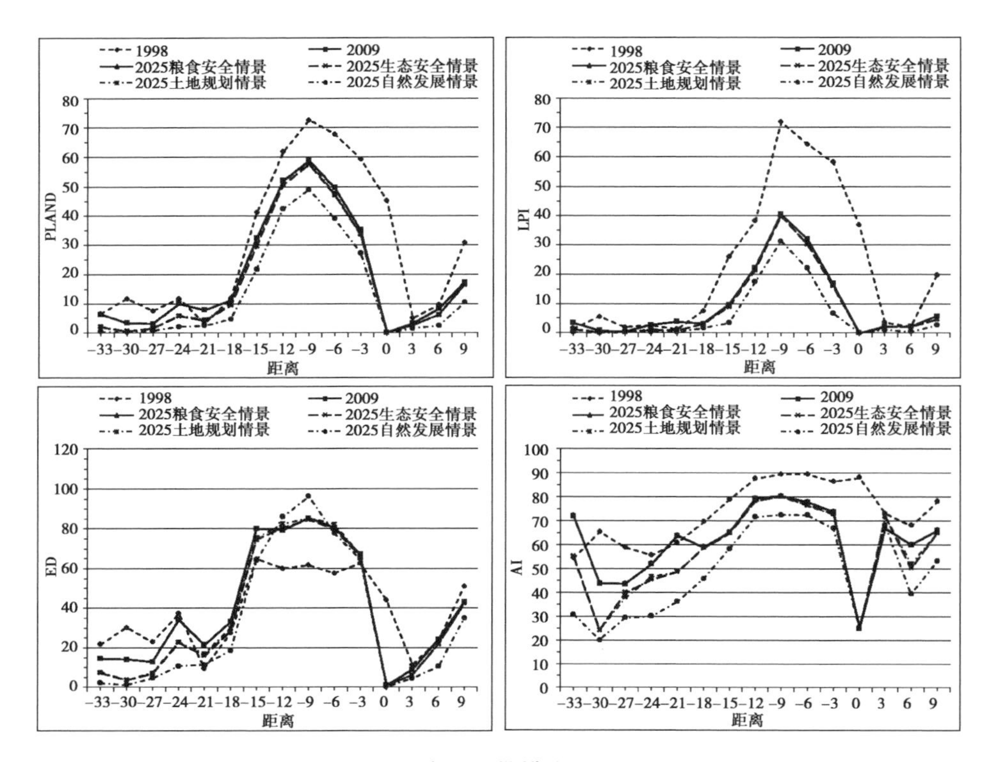

图 6－3 东西样带耕地景观变化

（1）耕地的景观比例（*PLAND*）呈现出明显的梯度特征。从总体趋势分析，在整个样带由西至东呈现先增加，向西距离城市中心 9km 处达到峰值，

再逐渐减小。由于样带向西距离城市中心18km以外主要是山地和丘陵，向东距离城市中西6km主要是山地，因此*PLAND*曲线在样带的两端出现不同程度的波动。最大斑块指数（*LPI*）同样也是在向西距离城市中心9km处达到峰值，曲线的发展趋势与*PLAND*相似。从耕地的景观比例（*PLAND*）和最大斑块指数（*LPI*）看出，在东西样带上，1998年、2009年和4种模拟情景下，耕地均主要分布在向西距离城市中心18km以内的区域，这与该样带地形分布也基本一致；从6条曲线对比分析来看，到2025年，在自然发展情景下的耕地无论是景观比例还是最大斑块指数上同区域位置都呈现最低，说明按照方式继续发展，耕地将无法保证斑块的数量和整体性。

（2）耕地的边界密度（*ED*）呈现出一定的梯度特征。在向西距离城市中心18km耕地较为集中的区域内，2009年与4种模拟情景的边界密度均高于1998年，说明在2009年与4种情景模拟下，耕地景观类型更具有开放性，是与其他景观类型斑块进行物质交流时的通道。耕地的聚集度（*AI*）呈现出一定的差异性，1998年耕地的破碎化程度总体上小于2009年和4种模拟情景，最大峰值出现在中心城区，同时2025年自然发展情景下的破碎化程度总体最高，最小峰值出现在中心城区。从耕地的边界密度（*ED*）和聚集度（*AI*）看出，耕地在这一样带上呈现出的开放性越强则破碎化程度越高，相对来讲从开放性和破碎化程度两方面考虑，2009年、2025年粮食安全、生态安全及土地规划3种情景下的稳定性更强。

（二）林地用地斑块类层次上景观梯度对比分析

由图6-4可以看出，在东西样带上，林地在斑块类层次上景观指数变化主要体现以下特点：

（1）林地的景观比例（*PLAND*）呈现出明显的梯度特征，曲线的梯度趋势正好与耕地景观梯度趋势相反。从总体趋势分析，在整个样带由西至东直到城市中心区域逐渐减少，直到为0，向西距离城市中心3km处又突然达到另一个峰值，再逐渐减小，城市中西向西30km和向东3km处达到峰值。最大斑块指数（*LPI*）同样也是在向西距离城市中心9km处达到低谷，曲线的发展趋势与*PLAND*相似。从林地的景观比例（*PLAND*）和最大斑块指数（*LPI*）看出，在东西样带上，1998年、2009年和4种模拟情景下，林地的景观梯度性较强，未出现明显的波动性，同时差异性较小，说明林地无论是斑块的数量还是整体性都比较稳定。

（2）林地的边界密度（*ED*）呈现出一定的波动性特征。在向西距离城市中心12~3km区域，2009年的林地边界密度远远高于其他情景，说明这一区域林地具有较强的开放性，与其他景观类型斑块交流较为活跃。林地的聚集度

（*AI*）呈现出一定的一致性，在城市中心向西3km和向东3km区域，1998年的林地聚集度发生突变，小于2009年和4种模拟情景下的聚集度，说明在这一区域林地的破碎度最高。从林地的边界密度（*ED*）和聚集度（*AI*）看出，无论是哪种情景，林地在这一样带上呈现出的开放性具有一定的差异性，破碎度方面则呈现一定的一致性。

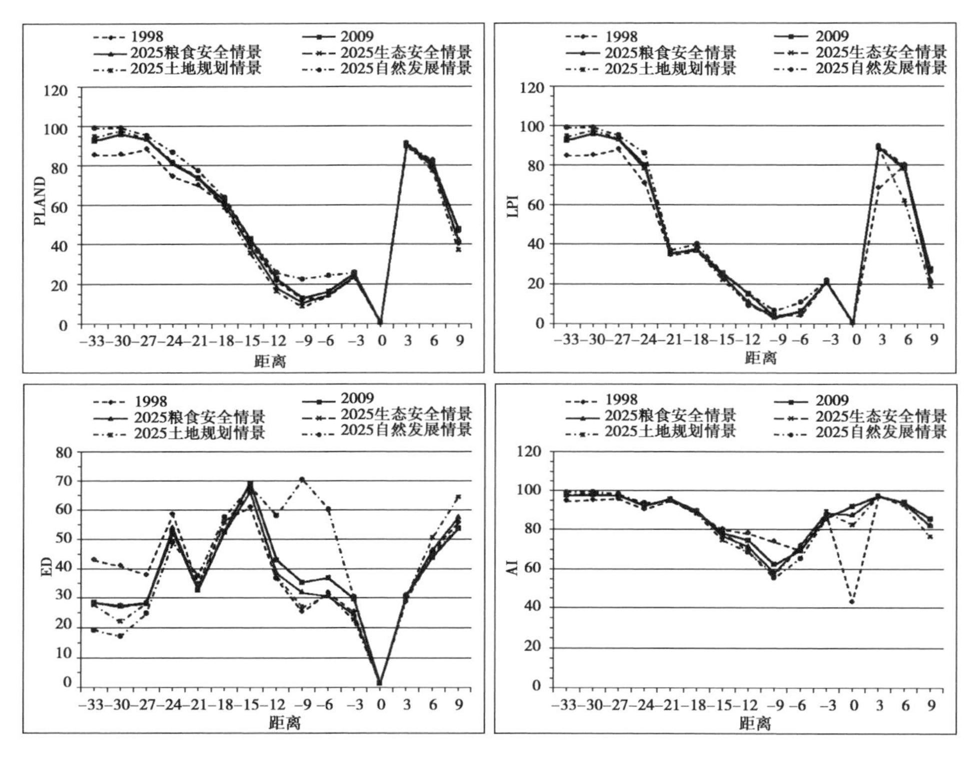

图6-4　东西样带林地景观变化

（三）园地用地斑块类层次上景观梯度对比分析

由图6-5可以看出，在东西样带上，园地在斑块类层次上景观指数变化主要体现以下特点：

（1）园地的景观比例（*PLAND*）呈现出明显的波动特征。从总体趋势上看，各情景下，该样带上园地的景观比例梯度性不明显。城市中心向西18km处成为1998年园地景观比例的一个转折点，-33km至-18km区域，1998年园地景观比例均高于其他情景，而-18km至城市中心，却均低于其他情景。最大斑块指数（*LPI*）则表现得更加无序，各情景下均出现较大的差异性。

（2）园地的边界密度（*ED*）呈现出一定的梯度特征，尤其表现在 -15km 以东区域。可以看出，在 2025 年土地规划情景下的边界密度均高于其他情景，说明在土地规划情景下，园地的分布更具有开放性，与周边景观类型斑块进行物质交流更为广泛。在 -18km 至城市中心区域，1998 年园地边界密度远远小于其他情景，说明该区域的园地开放性处于最低。园地的聚集度（*AI*）整体上呈现出较大的波动性，规律性较低。在整体上看，1998 年该样带的聚集度高于其他情景，因此，在 1998 年园地的破碎化程度最高。从园地的边界密度（*ED*）和聚集度（*AI*）反映出六种情景下，园地的稳定性较弱，受外部的影响较大。

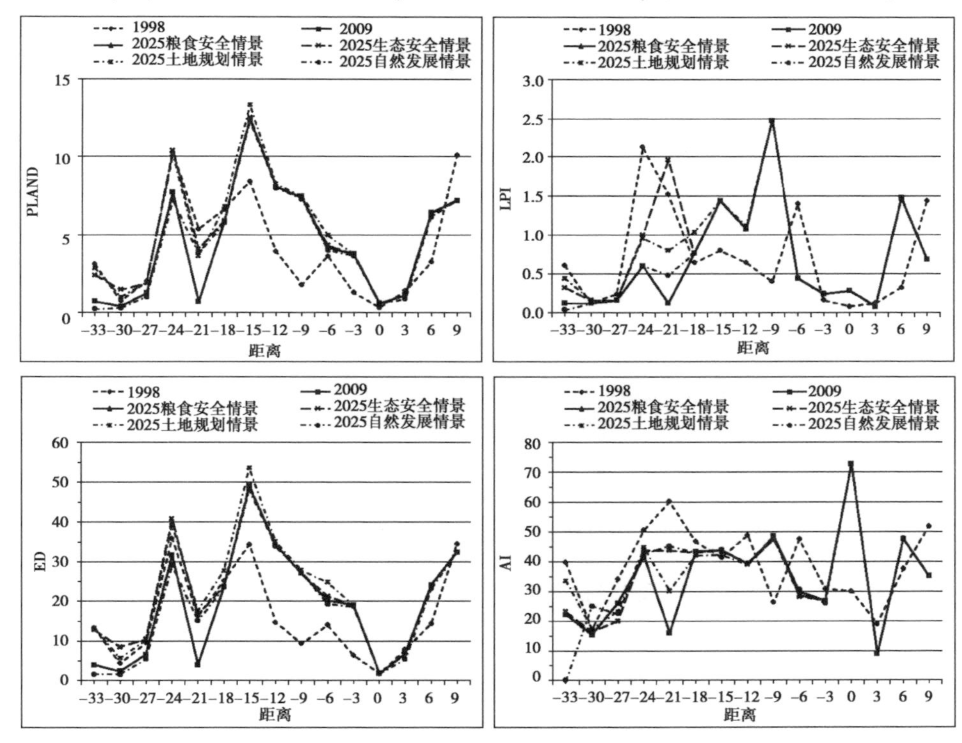

图 6-5　东西样带园地景观变化

（四）建设用地斑块类层次上景观梯度对比分析

由图 6-6 可以看出，在东西样带上，建设用地在斑块类层次上景观指数变化主要体现以下特点：

（1）建设用地的景观比例（*PLAND*）呈现出强烈的梯度特征，没有明显的波动特征。六种情景下，从总体趋势分析，在整个样带由西至东均呈现先逐步增加的趋势，在城市中心达到峰值，而在城市中心至 6km 处，呈现骤降趋势，到9km处出现翘尾陡增趋势。最大斑块指数（*LPI*）由西向东呈现出与景观比例（*PLAND*）类似的发展趋势，无论是景观比例（*PLAND*）还是最大斑块指数（*LPI*），1998年的值整体上均低于其他五种情景。建设用地的景观比例（*PLAND*）和最大斑块指数（*LPI*）两种指数曲线说明，建设用地的分布无论在哪种情景下，均趋向于向城市中心聚集，而且聚集的强度随着与城市中心越近表现得越强烈。

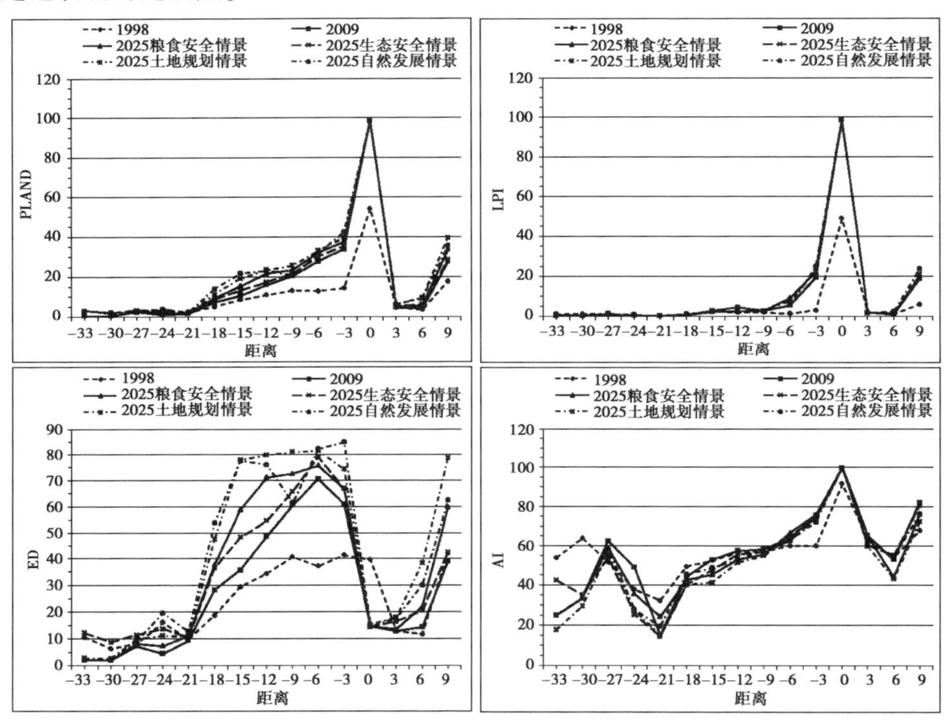

图6-6　东西样带建设用地景观变化

（2）建设用地的边界密度（*ED*）呈现出一定的梯度特征，不同情景下表现出一定的差异性。从总体上看，2025年土地规划情景下样带的建设用地开放性最高，而1998年最低。2009年、2025年粮食安全、自然发展、和生态安全情景下，建设用地这种开放性的强度在-6km处达到峰值。建设用地的聚集度（*AI*）整体上呈现出一定的梯度性，尤其在-21km至城市中心区域呈现逐渐递增的趋势，而在-21km以西区域呈现一定的波动性，到城市中心处达到峰值。六种情景下，建设用地的破碎化程度交替变化，整体上差异性较小。从建设用地的边界密度（*ED*）和聚集度（*AI*）看出，建设用地在这一样带上呈现出的开放性和破碎化程度呈现出一定的稳定性。

二、南北样带斑块类层次上景观梯度分析

（一）耕地用地斑块类层次上景观梯度对比分析

由图6－7可以看出，在南北样带上，耕地在斑块类层次上景观指数变化主要体现以下特点：

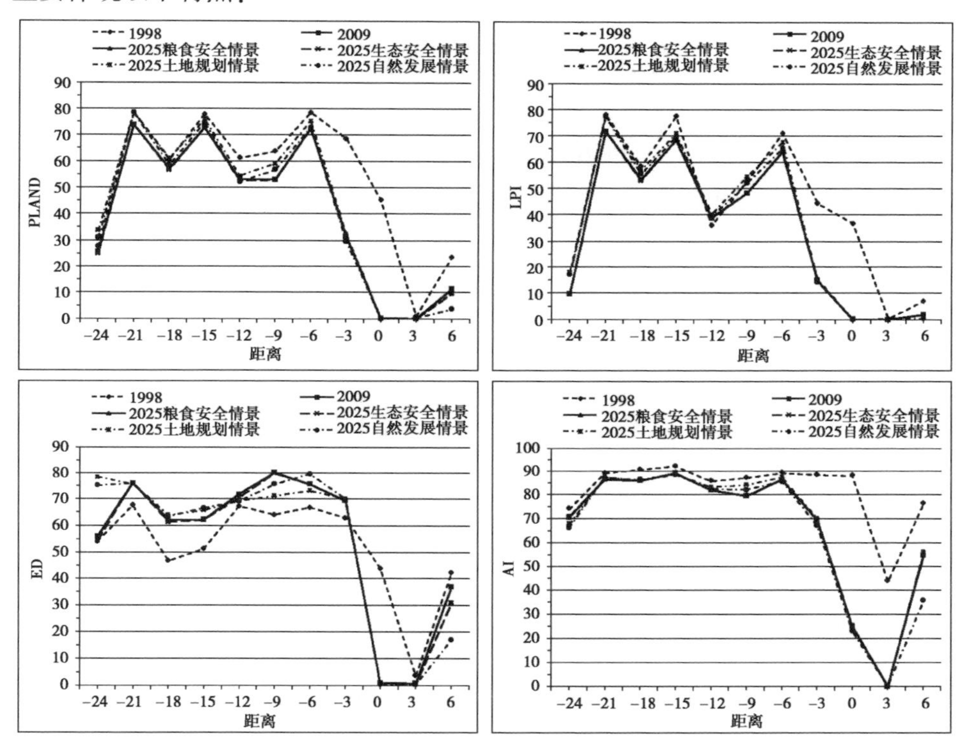

图6－7　东南北样带耕地景观变化

（1）耕地的景观比例（*PLAND*）呈现出明显的波动性特征。从总体趋势分析，在整个样带在城市中心以北出现较有规律的波动性，分别在－21km、－12km和－6km出现峰值，而在距离城市中心－6km区域内，耕地景观比例呈现一个陡降的趋势，同时1998年整体耕地景观比例均高于其他年份和情景模拟状态。最大斑块指数（*LPI*）与景观比例（*PLAND*）呈现较为类似的趋势，也呈现出一定的波动性，1998年最大斑块指数（*LPI*）整体优于其他情景。从耕地的景观比例（*PLAND*）和最大斑块指数（*LPI*）看出，在南北样带上，1998年、2009年和4种模拟情景下，耕地在城市中心以北21km至6km区域内较为集中，随着时间的推移，在城市中心北侧6km和南侧3km区域内，

1998 年耕地数量和最大斑块远远大于其他情景，说明在这一区域，耕地在发展过程中逐渐被蚕食和占用。

（2）耕地的边界密度（*ED*）呈现出在城市中心以北 3km 以外区域整体表现平稳，而在城市中心以北 3km 至以南 6km 区域，呈现明显的“V”字形，从曲线分布来看，1998 年城市中心以北 3km 以外区域的边界密度总体低于其他情景，说明这部分区域随着时间的推移，耕地的开放性在增强，与其他景观类型斑块交流更强。耕地的聚集度（*AI*）在城市中心以北 3km 以外区域整体表现出一定的波动性，1998 年耕地的破碎化程度总体上高于 2009 年和 4 种模拟情景，整个样带上没有出现较为明显的最高峰值，从耕地的边界密度（*ED*）和聚集度（*AI*）看出，耕地在这一样带上无论是开放性和破碎度，都表现出一定的平稳性。

（二）林地用地斑块类层次上景观梯度对比分析

由图 6－8 可以看出，在南北样带上，林地在斑块类层次上景观指数变化主要体现以下特点：

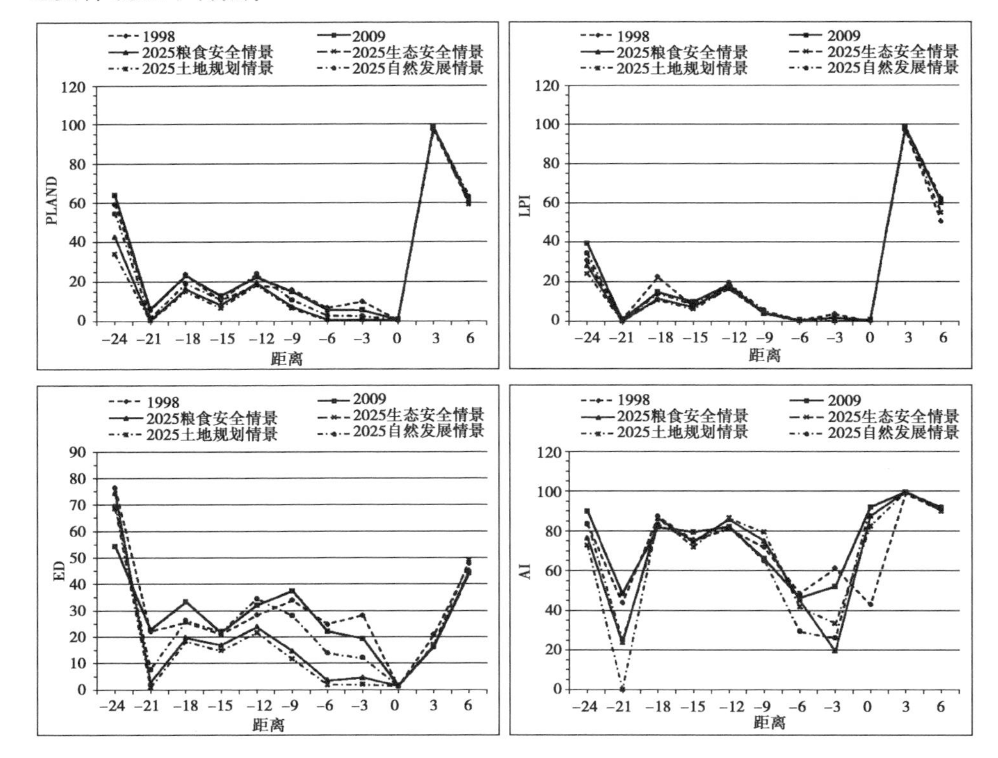

图 6－8　南北样带林地景观变化

（1）林地的景观比例（*PLAND*）在城市中心以北呈现出明显的波动性特征，在城市中心以南出现明显的陡增趋势。各情景下，林地景观比例（*PLAND*）的差异性较小，而且总体比例也较低，说明在城市中心以北区域林地分布量较低，这种趋势刚好与耕地相反。最大斑块指数（*LPI*）与景观比例（*PLAND*）呈现出基本一致的整体趋势，也呈现出一定的波动性。各情景下，林地最大斑块指数（*LPI*）基本上无差异，一致性很强。从林地的景观比例（*PLAND*）和最大斑块指数（*LPI*）看出，在南北样带上，1998年、2009年在四种模拟情景下，林地整体上保持非常平稳。

（2）林地的边界密度（*ED*）在不同情景下，均呈现一定的波动性，但是对比分析可以看出，彼此之间存在较大的差异性，尤其表现在城市中心以北21km以内区域。2025生态安全情景下，该指标总体上高于其他情景，而2025土地规划情景总体上处于最低，说明生态安全情景下，林地的开放性较强，而在土地规划情景下的开放性较弱。林地的聚集度（*AI*）在城市中心以北21km以及3km处，出现两次最低值，样带整体聚集度在各情景下表现的差异性不大。

（三）园地用地斑块类层次上景观梯度对比分析

由图6－9可以看出，在南北样带上，园地在斑块类层次上景观指数变化主要体现以下特点：

（1）园地的景观比例（*PLAND*）呈现出由北往南明显的梯度性，而仅仅是在北部距城市中心24km处，表现出短暂的上扬。最大斑块指数（*LPI*）与景观比例（*PLAND*）呈现更强的类似趋势，同时各情景下，该指数基本上没有差异。从园地的景观比例（*PLAND*）和最大斑块指数（*LPI*）看出，在南北样带上，园地整体上从空间分布和数量上都趋向一定的稳定性。

（2）园地的边界密度（*ED*）在2009年和四种模拟情景基本一致，同时均高于2008年。在城市中心以北至21km区域内，呈现一定的波动性。从分布曲线的对比分析来看，园地在1998年开放性最低，其他情景下，也处于一个开放性较低水平，只是较1998年增强了与其他类型斑块的交流。园地的聚集度（*AI*）整体上均呈现无序性，变化的层次感较低，整体破碎度较大。从园地的边界密度（*ED*）和聚集度（*AI*）的对比分析结果可知，出现这种结果的主要原因与园地的分布本身就存在较强的分散性。

（四）建设用地斑块类层次上景观梯度对比分析

由图6－10可以看出，在南北样带上，建设用地在斑块类层次上景观指数变化主要体现以下特点：

（1）建设用地的景观比例（*PLAND*）呈现出较强的梯度性。随着与城市中心距离增大，建设用地所占景观比例（*PLAND*）逐步降低。最大斑块指数

(*LPI*) 沿南北样带呈现出与景观比例 (*PLAND*) 类似的梯度特征，同样也是随着与城市中心距离增加而逐步降低。

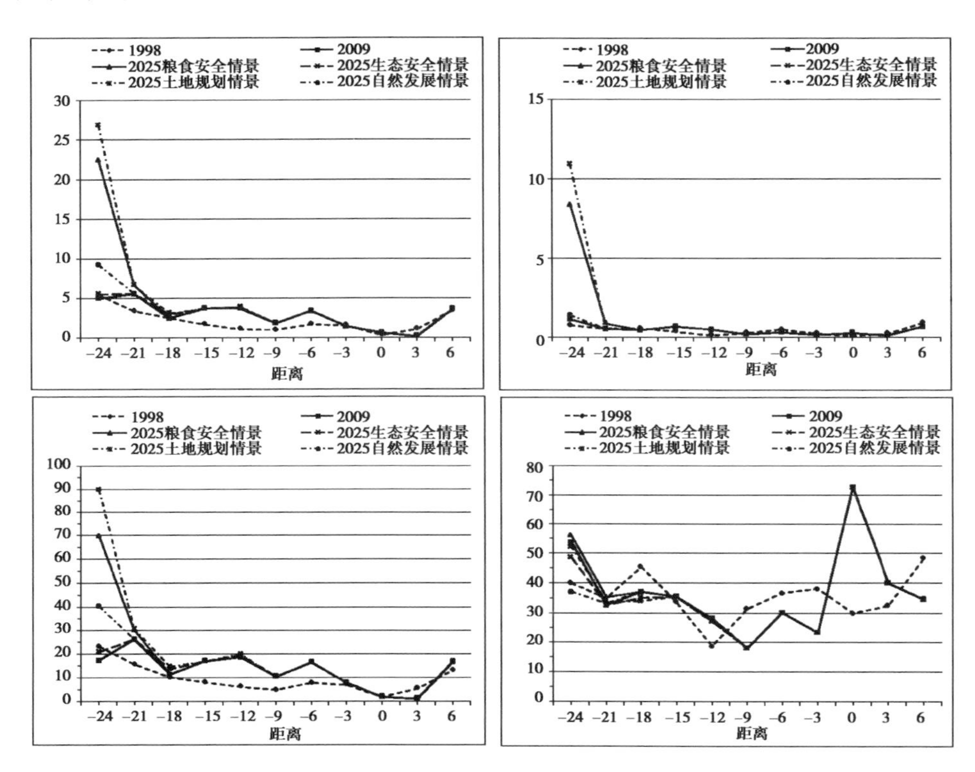

图 6-9 南北样带园地景观变化

(2) 建设用地的边界密度 (*ED*) 在不同景观下呈现出较大的差异性。从总体趋势分析，2025 年粮食安全情景下均高于其他情景，开放性较强，而 1998 年处于较低水平。在不同情景下，峰值出现的位置差异性也较大，但是所有情景均在城市中心以南 3km 处处于最低值。建设用地的聚集度 (*AI*) 处于较小波动特征下呈现出一定的梯度性。各情景下该指数呈现交替的上升下降，整体变化不大，最大峰值出现在城市中心。从建设用地的边界密度 (*ED*) 和聚集度 (*AI*) 看出，建设用地在这一样带上开放性差异性较大，但是破碎度表现出一定的平稳性。

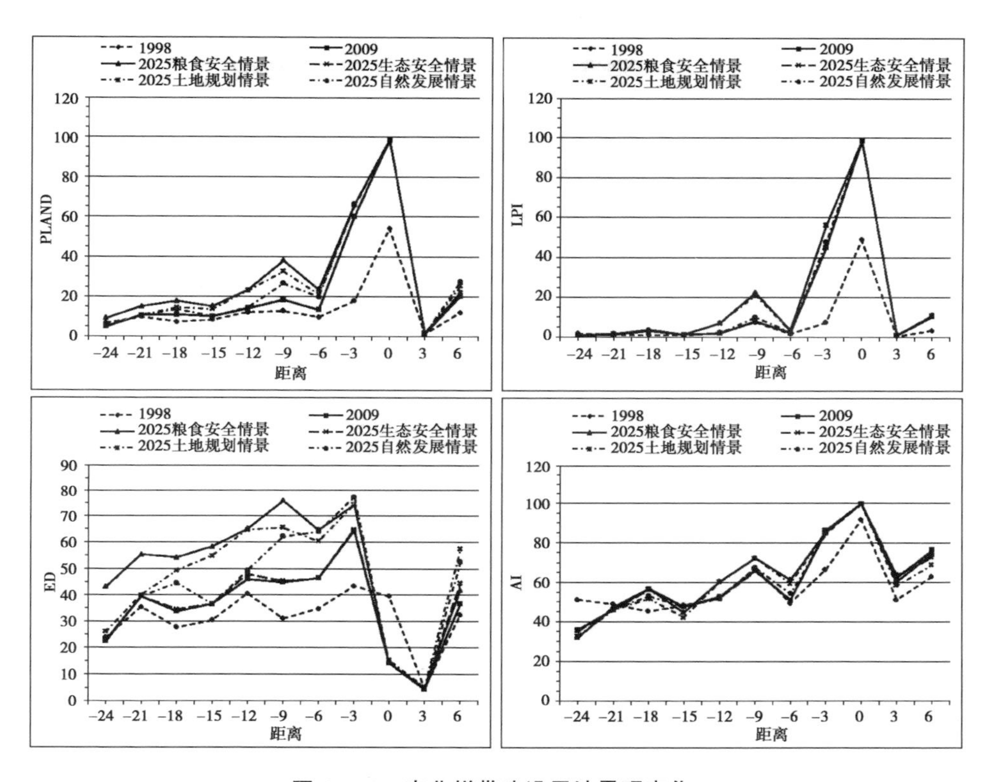

图 6-10　南北样带建设用地景观变化

第四节　不同情景模拟整体景观梯度分析

一、东西样带整体景观层次上景观梯度分析

由图 6-11 可以看出，在东西样带上，在整体景观类层次上景观指数变化主要体现以下特点：

(1) 整体景观层次上景观指数的变化梯度特征要比斑块类层次上景观指数变化的梯度特征更为复杂。面积加权平均斑块分维数（*AWMPFD*）在城市中心以西 24km 处呈现出峰值，靠近城市区域则有一个陡降的趋势，其他区域表现较为平稳，从样带整体上来分析，面积加权平均斑块分维数（*AWMPFD*）都不是太高，自相似性较强，说明该样带上所呈现的斑块的几何形状较简单，因此，受到外界干扰的程度也就越大。景观形状指数（*LSI*）呈现出一定的梯度性，各情景下均在城市中心以西 15km 出现峰值，同时也是一个转折点，在 -33km 至 -15km 区间内，该指数逐渐增大的趋势，说明在这个区域的斑块越来越离散；在 -15km 至城市中心区间内，该指数逐渐减少的趋势，说明在这个区域斑块的离散程度减小。

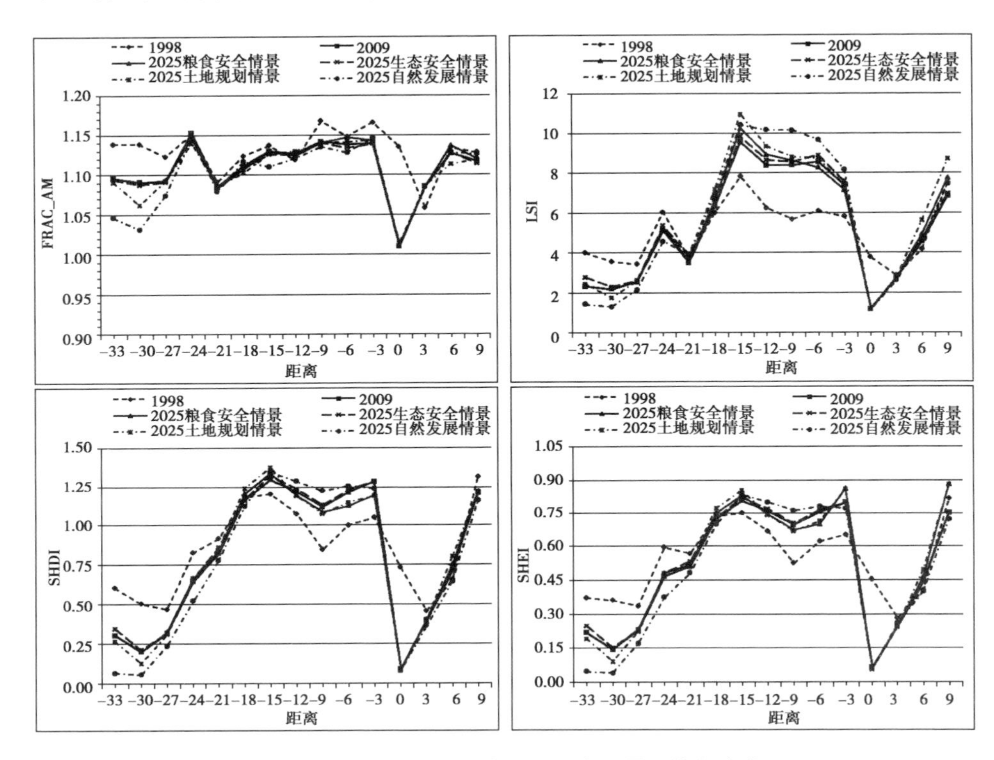

图 6-11 东西样带整体景观层次上景观指数变化

（2）*Shannon* 多样性指数（*SHDI*）呈现出倒 U 型梯度特征，由西向东 -33km至 -15km 范围内，该指数呈现逐渐增加的趋势，而在 -15km 至 -3km 呈现较为平稳，在城市中心两侧 3km 范围内，出现一个急速的陡减和陡增。说明在 -33km 至 -15km 范围内斑块类型数不断地增加，直到 -15km 至 -3km范围内，斑块类型数量趋向稳定，-3km 至城市中心范围斑块类型数集聚下降。同时各情景下，该指数差异性较小。*Shannon* 均匀度指数（*SHEI*）与 *Shannon* 多样性指数（*SHDI*）变化趋势基本类似。从 *Shannon* 多样性指数（*SHDI*）和 *Shannon* 均匀度指数（*SHEI*）分析结果可以看出，该样带的斑块类型及数量由西向东经历了“逐步增加—保持稳定—急速下降—急速增加”的过程。

二、南北样带整体景观层次上景观梯度分析

由图 6－12 可以看出，在南北样带上，在整体景观类层次上景观指数变化主要体现以下特点：

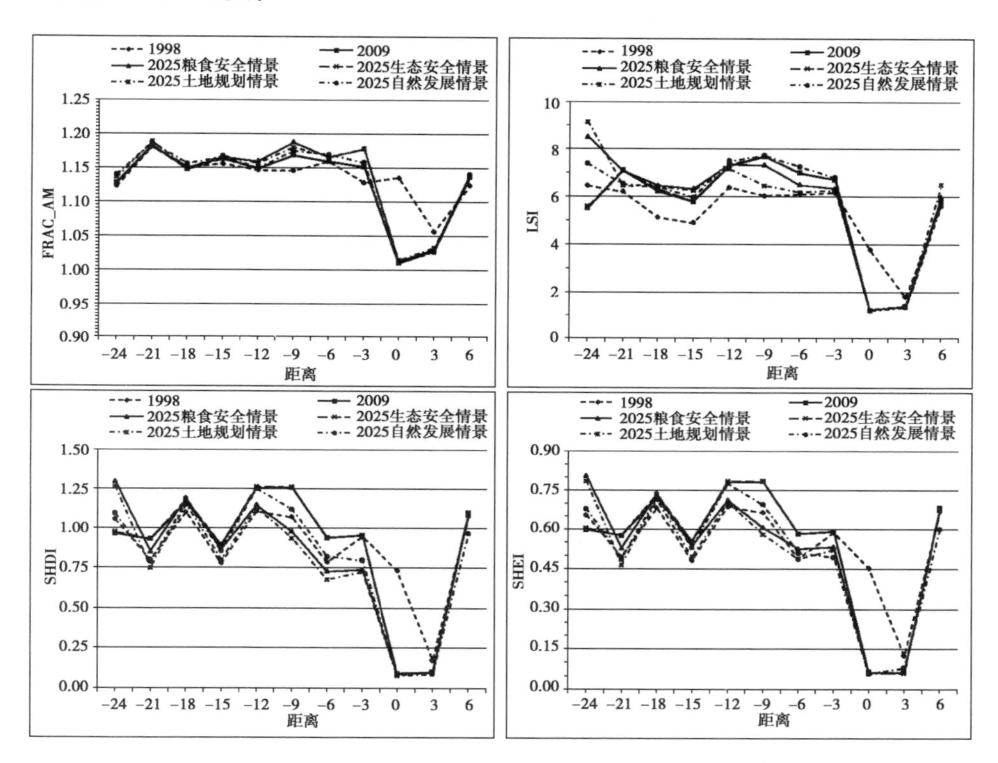

图 6－12　南北样带整体景观层次上景观指数变化

（1）面积加权平均斑块分维数（*AWMPFD*）在城市中心以北 3km 以外区域表现出一定的波动性，不同情景下该指数变化较小，主要围绕 1.15 上下波动，因此在这个区域里，也呈现出一定的自相似性，说明在由北往南－24km 至－3km 范围内，该样带所呈现的斑块的几何形状较为简单，因此，受到外界干扰的程度也就变得较大。景观形状指数（*LSI*）呈现出与面积加权平均斑块分维数（*AWMPFD*）相似的趋势，城市中心以北 3km 以外区域变化不大，说明样带在这个区域斑块离散性变化不大。而纵向对比，1998 年均比其他情景下要低，说明 1998 年样带的斑块离散性较小。

（2）*Shannon* 多样性指数（*SHDI*）在城市中心以北 6km 以外区域呈现出较大的波动性，而在－6km 至 6km 区间，呈现出 U 型特征。城市中心以北

6km以外区域的*Shannon*多样性指数（*SHDI*）集中在0.75～1.25，说明无论是在哪个情景下，样带上的斑块类型数成交替波动的变化。在城市中心两侧6km范围内，出现一个急速的陡减和陡增，说明在这个区域斑块类型数变化剧烈。*Shannon*均匀度指数（*SHEI*）与*Shannon*多样性指数（*SHDI*）变化趋势基本类似。从*Shannon*多样性指数（*SHDI*）和*Shannon*均匀度指数（*SHEI*）分析结果可以看出，该样带的斑块类型及数量由北往南经历了“波动交替—急速下降—急速增加”的过程。

第七章　结论与讨论

第一节　主要结论

本研究以浙江省安吉县土地利用/覆被为研究对象，以 1998 年、2003 年和 2009 年的 Landsat TM5 影像为数据源，运用地理信息系统（GIS）、遥感（RS）和卫星定位系统（GPS）技术集成，结合地理计量模型，研究了区域过去近 10 年土地利用/覆被变化的动态过程、结构分异和驱动机制，并运用 CLUE-S 模型模拟了该区域 4 种不同情景方案下 2025 年的土地利用/覆被空间变化特征，最后基于景观生态学理论，对 1998 年、2009 年以及 2025 年 4 种情景下土地利用/覆被建立由东向西和由北向南两条廊道，进行土地利用/覆被景观格局对比分析与评价。通过研究，得到如下结论和认识：

（1）研究期间共有 41 335.41hm^2 发生了转移，转移面积最多的是水田转化为林地和旱地，占所有土地利用类型转移面积的比重为 22.33%，这主要是因为研究区域产业结构调整，传统种植逐渐被经济林种植所代替；其次林地转移成旱地和园地所占比重也是较为突出。土地利用/覆被变化的动态过程复杂，1998—2003 年，地类转移类型和幅度更加剧烈和无序，而 2003—2009 年期间整体向相对稳定和有序发展；时空结构分异的特点在两个时段表现的重点各异，1998—2003 年，水田和旱地无论从速率还是程度都表现得更为剧烈，林地变化则相对稳定，而 2003—2009 年期间水田与旱地的变化程度则更加缓和，然而林地的变化程度更加趋向稳定，城镇用地的扩展程度和速率则延续了 1998—2003 年稳定中持续发展的趋势。

（2）研究将驱动因子分为内在驱动因子和外在驱动因子，其中内在驱动因子主要是地形地貌与地理标识物，在较短时间尺度内（比如几年或者数十年等）发生剧烈变化的可能性较低，同时内在驱动因子对土地利用/覆被的影响主要体现在空间格局，因此本研究对通过数据采集到的社会经济数据进行定量诊断。基于 1998—2009 年，以 15 个乡镇为基本单元，将 14 个外在驱动因子指标与单一土地利用类型建立典型性相关分析，6 对典型变量之间的相关系数分别为 0.998、0.996、0.987、0.967、0.882 和 0.843，说明 6 个典型变量之间存在较高的相关系数，解释变量能清晰充分地解释相应标准变量的分布格局，然而冗余度检验显示有效的典型变量只有第一变量和第三变量，即浙江安吉的人均工业总产值和园地之间，农业总产值和水田之间存在较大的联系。因此通过典型相关分析获取到的外在驱动因子与土地利用/覆被之间的联系并不是唯一的，只能说明在初步选取的社会经济指标中与土地利用/覆被变化十分密切的因子有哪些，而不是驱动土地利用/覆被变化唯一的因素。

（3）以 1998 年土地利用/覆被内在驱动因子（距主要干道的距离、距主要内陆河流的距离、距主要内陆湖泊的距离、距县城的距离、距中心镇的距离、高程、坡度）以及外在驱动因子（农业总产值和人均工业总产值）数据为基础，运用 SPSS 进行 logistics 回归分析，不同土地利用类型的 ROC 曲线可以看出，耕地 ROC 为 0.873、林地 ROC 为 0.911 和内陆水域 ROC 为 0.792，因此各驱动因子对地类耕地、林地和内陆水域的空间分布格局具有非常好的解释效果，建设用地为 ROC =0.671 和园地为 ROC =0.680，两者 ROC 曲线面积均为 0.6 ~0.7，也说明各驱动因子对地类空间分布格局具有一定的解释效果。因此，通过逻辑斯蒂逐步回归结果看出，所有选取的驱动因子对研究区域的不同土地利用类型具有较好的解释作用，拟合程度较好。

（4）CLUE-S 模型是专门针对中小尺度区域土地利用/覆被模拟和预测研究开发。以 1998 年土地利用/覆被数据为基础，运用 CLUE-S 模型模拟和预测 2009 年土地利用/覆被数据，通过与 2009 年遥感解译土地利用/覆被数据的对比来检验该模型在地形多样性小尺度区域土地利用/覆被变化模拟预测中的适用性，结果显示 *Kappa* 指数为 0.768，模拟结果比较理想，说明本研究中选取的内在驱动因子和外在驱动因子能够较好地解释各类土地利用空间变化驱动机制和作用，应用 CLUE-S 模型能够较好地模拟浙江安吉的土地利用与土地覆被空间变化，基于此，分别对 2025 年生态安全情景、粮食安全情景、自然发展情景和土地规划情景下土地利用/覆被进行模拟，有利于提高预判土地利用/覆被变化的能力，促进土地利用科学决策和集约利用，实现区域土地资源可持续促进社会经济和谐有序发展，具有较好的指导意义。

（5）以 1998 年、2009 年以及 4 种情景下土地利用/覆被数据为基础，建立由东向西和由南向北两条样带对土地利用/覆被景观进行对比分析和评价，结果表明：①无论是斑块类景观还是整体景观，6 种情景下两条样带景观特征的剧烈变化均出现在城市中心两侧，具体表现为土地利用/覆被景观的破碎化程度、开放性程度以及斑块类型数量等呈现跳跃式骤变；②东西样带斑块类层次景观上，耕地、林地、建设用地的梯度特征较为明显和有序，而园地的梯度特征较为无序和混乱；南北样带板块类层次景观上，耕地、林地、建设用地和园地均表现出较为有序的空间梯度特征；③整体景观比斑块类景观指数变化的梯度性更为复杂，东西样带整体景观斑块的几何形状较简单，受到外界干扰的程度也就越大，斑块类型及数量由西向东经历了“逐步增加—保持稳定—急速下降—急速增加”的过程。南北样带整体景观斑块离散性变化不大，样带的斑块类型及数量由北往南经历了“波动交替—急速下降—急速增加”的过程。

第二节 进展分析

1. 以小尺度、地形多样性为特征的典型县域为对象，客观、全面并系统地对研究区域过去近十年间的土地利用/覆被空间变化动态过程、时空结构分异、驱动机制、时空模拟以及地类景观对比分析与评价进行研究，在土地利用/覆被时空变化的研究中是一个补充。

2. 驱动机制研究中，对社会经济指标的选取更加全面，通过数据空间化处理，建立社会经济数据与土地利用/覆被数据的空间关系，运用定量分析的方法，客观地反映了社会经济指标与不同地类之间的相关关系，成功提取出主要驱动因子，找出了社会经济驱动土地利用/覆被变化定量研究的有效途径。

3. CLUE-S 模型在国外土地利用/覆被模拟研究中广泛应用，是否适用于我国小尺度、地形多样性、社会经济开放性较强而生态环境保持良好的县域土地利用/覆被模拟与预测亟需得到验证，本研究弥补了土地利用/覆被在县域案例方面的不足。

4. 土地利用/覆被的地类景观评价案例研究较多集中在对历史数据的对比分析与评价，本研究利用 CLUE-S 模型对未来土地利用/覆被时空分布进行模拟与预测，客观地完成了对过去与未来土地利用/覆被地类景观梯度变化的横向与纵向对比分析与评价，尝试寻找出一条对研究区域“平面和截面”“过去与未来”地类景观梯度时空分布研究的新路。

第三节 问题讨论

1. 遥感影像数据解译提取是研究土地利用/覆被空间变化的主要数据源之一，解译精度对研究结果有直接影响。在本研究中采用 1998 年 11 月、2003 年 7 月和 2009 年 6 月的 Landsat TM5 影像来分别获取这 3 个时期的土地利用/覆被信息，其分辨率为 30m，而 QuickBird 商业卫星分辨率达到 0. 61m，国产高分一号分辨率也可以达到 2m。因此，在数据源获取和使用方面还有更大提升的空间，可以直接提高遥感影像解译的精度。

2. 用于研究土地利用动态变化和结构分异的计量地理模型有很多，既有共同点，也有差异性。根据研究的侧重点不同，选择不同的计量地理模型，比如土地利用程度综合分析方法、土地利用程度变化模型、土地分类指数变化模型、景观生态学方法等。相关模型针对土地利用/覆被某一项特质进行分析和评价，在模型选择上，注重全面性和典型性。而通过对模型的对比发现，部分指标在问题说明方面存在一定的重复性，在侧重点方面有些许差异。因此，对相关模型进行修订和进行不同模型之间的耦合研究将成为一个重点内容，它将有效提升模型的解释能力。

3. CLUE-S 模型是对数据质量要求极高的模型，数据来源与数据处理直接影响模型产生结果的精度。按照模型的要求，必须将研究区域像元的行列数划分成低于 1200 行与 1200 列，所以本研究必须将原本 30m 大小的像元转化成 60m 大小的像元，这将大大降低了模拟的难度，尽管 CLUE-S 模型是为了较小区域土地利用/模拟改进而来，但是在研究区域像元的行列数限制来看，CLUE-S 模型仍然存在较大的改进空间。

4. 研究将 1998—2009 年的遥感影像数据与社会经济数据作为基础数据，从研究结果来看，选择的数据基本上支撑了 CLUE-S 模型完成模拟的需要，但是若要了解研究区域土地利用/覆被的普遍规律和社会经济指标对单一土地利用类型驱动的更强适用性，还需要将研究区域数据选择的时间跨度进一步加大。

5. 研究基于斑块类型 4 种景观指数和整体景观 4 种指数，采用由东向西和由北往南两条样带对研究区域进行土地利用/覆被景观进行对比分析与评价，从在样带覆盖的分布和整体性上来看，还有进一步拓展的空间，下一步研究可以考虑以城市中心为原点，以同心圆方式设置样方，可以有效地覆盖整个研究区域。同时，在景观指数研究的基础上，可以相应开展区域土壤和植被的碳源碳汇、生态价值等相关研究。

参考文献

摆万奇，赵士洞. 2001. 土地利用变化驱动力系统分析［J］. 资源科学，23（3）：39－41

毕晓丽，周睿，刘丽娟，等. 2005. 泾河沿岸景观格局梯度变化及驱动力分析［J］. 生态学报，25（5）：1 041－1 048.

蔡云龙. 2000. 自然地理学的创新视角［J］. 北京大学学报（自然科学版），34（4）：576－582.

蔡云龙. 2001. 土地利用/土地覆被变化研究：寻求新的综合途径［J］. 地理研究，20（6）：645－652.

常学礼，张安定，杨华. 2003. Scale effects of landscape research in Kerqin Sandy Land［J］. 生态学报，18（1）：67－74.

陈百明. 2010. 土地资源学［M］. 北京：中国环境科学出版社.

陈浮，陈刚，包浩生，等. 2001. 城市边缘区土地利用变化及人文驱动力机制研究［J］. 自然资源学报，16（3）：204－210.

陈佑启，Peter H. Verburg，徐斌. 2000. 中国土地利用变化及其影响的空间建模分析［J］. 地理科学进展，19（2）：116－127.

陈佑启，等. 2000. 中国土地利用土地覆盖的多尺度空间分布特征分析［J］. 地理科学，20（3）：197－202.

戴圣鹏. 2013. 生态文明的历史诉求—马克思恩格斯的生态文明思想探析［J］. 学人论语（180）：145－151.

杜怀玉，赵军，冯翠琴. 2007. 西北干旱区经济社会发展与土地利用相关分析［J］. 干旱区资源与环境，21（11）：90－94.

樊风雷，孙彩歌. 2007. 1997—2003 年广州市土地利用变化遥感监测研究及动态分析［J］. 生态科学，26（6）：546－552.

傅伯杰，陈利顶，马克明，等. 2001. 景观生态学原理及应用［M］. 北京：科学出版社.

傅伯杰，陈利顶，马克明. 1999. 黄土丘陵区小流域土地利用变化对生态环境的影响［J］. 地理学报，54（3）：241－246.

甘晖，夏成，万劲波. 2013. 迈向生态文明时代的理论：环境社会系统发展学述评［J］. 中国人口·资源与环境，23（6）：80－89.
甘晖，叶文虎. 2008. 生态文明建设的基本关系：环境社会系统中的四种关系论［J］. 中国人口·资源与环境，18（6）：7－11.
高占国，赵旭阳. 2002. 基于 GIS 的土地利用动态变化与预测—以井陉县威州镇为例［J］. 首都师范大学学报（自然科学版），23（2）：75－80.
国家土地管理局. 1993. 土地利用规划［M］. 北京：改革出版社.
胡洪彬. 2009. 改革开放 30 年中国共产党生态环境建设思想论述［J］. 西南交通大学学报，10（2）：136－141.
胡洪彬. 2010. 胡锦涛生态环境建设思想研究［J］. 重庆邮电大学学报（社会科学版），22（4）：8－13.
胡建，余保玲. 2011. 析新中国的生态文明之理路［J］. 中共浙江省委党校学报（3）：96－105.
姜鲁光，张祖陆. 2003. 济南城市土地利用的圈层结构分析［J］. 地域研究与开发，22（4）：73－76.
李平，李秀彬，刘学军. 2001. 我国现阶段土地利用变化驱动力的宏观分析［J］. 地理研究，20（2）：129－138.
李馨，石培基. 2011. 城市土地利用与经济协调发展度评价研究［J］. 干旱区资源与环境，25（3）：33－37.
李秀彬. 1996. 全球环境变化研究的核心领域—土地利用/土地覆被变化的国际研究动向［J］. 地理学报，51（6）：553－558.
刘纪远，张增祥，庄大方，等. 2003. 20 世纪 90 年代中国土地利用变化时空特征及其成因分析［J］. 地理研究，22（1）：1－11.
刘书楷. 1987. 土地经济学原理［M］. 南京：江苏科学技术出版社.
刘彦随，陈百明. 2002. 中国可持续发展问题与土地利用/覆被变化研究［J］. 地理研究，21（3）：324－330.
刘彦随. 1999. 区域土地利用优化配置［M］. 北京：学苑出版社.
龙花楼，李秀彬. 2001. 长江沿线样带土地利用变化时空模拟及其对策［J］. 地理研究，20（6）：660－668.
龙花楼，李秀彬. 2002. 区域土地利用转型分析—以长江沿线样带为例［J］. 自然资源学报，17（2）：144－149.
盛晟，刘茂松，徐驰，等. 2008. CLUE-S 模型在南京市土地利用变化研究中的应用［J］. 生态学杂志，27（2）：236－239.
史培军，陈晋. 2000. 深圳市土地利用变化机制分析［J］. 地理学报，55

(2): 151 - 160.
史培军，宫鹏，李晓兵，等. 2000. 土地利用/覆盖变化研究的方法与实践 [M]. 北京：科学出版社.
宋波，叶文虎. 2004. 从增长和稳定的角度重新认识可持续发展的内涵 [J]. 北京大学学报：哲学版，41 (4): 54 - 62.
唐华俊，陈佑启，等. 2004. 中国土地利用/土地覆盖变化研究 [M]. 北京：中国农业科学技术出版社.
唐华俊，吴文斌，杨鹏，等. 2009. 土地利用/土地覆被变化（LUCC）模型研究进展 [J]. 地理学报，64 (4): 456 - 468.
唐守正. 1986. 多元统计分析方法 [M]. 北京：中国林业出版社.
王辉，周睿，毕晓丽，等. 2006. 泾河流域平凉市城市化影响下景观格局梯度分析 [J]. 生态学杂志，25 (12): 1 476 - 1 480.
王娟. 2011. 安徽省土地利用的动态变化分析 [J]. 中国统计 (6): 28 - 30.
王秀兰，包玉海. 1999. 土地利用动态变化研究方法探讨 [J]. 地理科学进展，18 (1): 81 - 86.
魏宏森，曾国屏. 1995. 系统论—系统科学哲学 [M]. 北京：清华大学出版社.
魏强. 2010. 基于 CLUE-S 模型的托克逊县土地利用动态变化预测模拟研究 [D]. 乌鲁木齐：新疆大学.
邬建国. 2000. 景观生态学—格局、过程、尺度与等级 [M]. 北京：高等教育出版社.
吴燕梅，胡伟平. 2007. 基于 GIS 的广州市萝岗区景观格局梯度分析 [J]. 生态科学，26 (5): 447 - 451
肖笃宁，赵弈，孙中伟，等. 1990. 沈阳西郊景观格局变化的研究 [J]. 应用生态学报，1 (1): 75 - 84.
许月卿，李秀彬. 2001. 河北省耕地数量动态变化及驱动因子分析 [J]. 资源科学，23 (5): 28 - 32.
曾辉，孔宁宁. 2002. 基于边界特征的景观格局分析 [J]. 应用生态学报，13 (1): 81 - 86.
张翀，李晶，任志远. 2008. 基于 Landsat TM 的西安地区土地利用变化与图谱研究 [J]. 水土保持通报，28 (4): 155 - 162.
张贵生，杜晓东，刘树庆. 2006. 阜平县土地利用景观格局分析 [J]. 河北农业科学，10 (1): 76 - 79.
张慧霞. 2006. 基于 GIS 的广州市边缘区绿地景观梯度变化研究——以番禺

为例［D］. 广州：中国科学院广州地球化学研究所.
张军岩，王国霞，李娟，等. 2004. 湖北省随州城市化进程中人口变动及其对土地利用的影响［J］. 地理科学进展，23（4）：87－95.
张利权，吴健平. 2004. 基于 GIS 的上海市景观格局梯度分析［J］. 植物生态学报，28（1）：78－85.
张永民，赵士洞. 2004. 科尔沁沙地及其周边地区土地利用的时空动态变化研究［J］. 应用生态学报，15（3）：429－435.
张咏梅. 2013. 浙江利用低丘缓坡开发山地人居的可行性研究［J］. 中国名城（10）：17－22.
张志，孙玉军. 2005. 过伐林景观要素沿环境梯度分布趋势的研究［J］. 林业科学，41（1）：14－18.
张自宾，武文波，金卓. 2008. 基于决策规则的遥感影像土地利用信息提取［J］. 测绘科学，33：200－191.
赵云霞. 2013. 国内 LUCC 的研究进展及展望［J］. 科技创新论坛（15）：175－180.
朱明，徐建刚，李建龙，等. 2006. 上海市景观格局梯度分析的空间幅度效应［J］. 生态学杂志，25（10）：1 214－1 217.
左玉强. 2003. 城乡结合部耕地转化动态研究—以太原市万柏林区为例［D］. 北京：中国农业大学.
Batty M, Longley P. 1989. Urban growth and form: Scaling, fractal geometry, and diffusion-limited aggregation [J]. Environment and Planning, 21: 1 447－1 472.
Clarke K C, Hoppen. 1997. A self-modifying cellular automaton model of historical urbanization in the San Francisco Bay area [J]. Environment and planning B, 24: 247－261.
Dale V H. 1997. The relationship between land-use change and climate [J]. Ecological Applications, 7: 753－769.
De Koning G H J, Verburg P H, Veldkamp A, et al. 1999. Multi-scale modelling of land use change dynamics in Ecuador [J]. Agricultural Systems, 61: 77－93.
Geoghegan J. 2002. The value of open spaces in residential land use [J]. Land Use Policy, 19: 91－98.
Kalnay E, Cai M. 2003. Impact of urbanization and land-use on climate [J]. Nature, 423: 529－531.

Kasper Kok, Andrew Farrow, Veldkamp A. 2001. Method and application of multi-scale validation in spatial land use models [J]. Agriculture, Eosystems and Environment, 85: 223 -238.

Lambin E F, Geist H J, Lepers E. 2003. Dynamics of land-use and land-cover change in tropical regions [J]. Annual Review of Environment and Resources, 28: 205 -241.

Lambin E F, Turner B L, Geist H G. 2001. The causes of land use and land cover change: moving beyond the myths [J]. Global Environmental Change, 11: 261 -269.

Leemans R, et al. 1995. Evaluating changes in land cover and their importance for global change [J]. Trends in Ecology, Evolution (10): 76 -81.

Mertens B, Sunderlin W D, Ndoye O, et al. 2000. Impact of macroeconomic change on deforestation in South Cameroon: Integration of household survey and remodtely-sensed data [J]. World Development, 28: 983 -999.

Meyer W B, Turner Ⅱ B L. 1994. Turner Ⅱ. Change in land cover: A Global perspective. London: Cambridge University Press.

Overmars K P, Verburg P H. 2006. Multilevel modeling of land use from field to village level in the Philippines [J]. Agricultural Systems, 89: 435 -456.

Parton W J, Scurlock J M O. 1993. Observations and modeling of biomass and soil organic matter dynamics for the grassland biome worldwide [J]. Global Biogeochemical Cycles (7): 785 -809.

Pratt A C. 2009. Social and economic drivers of land use change in the British space economy [J]. Land Use Policy, 26 (S1): 109 -114.

R Gil Pontius Jr, Jaura C Schneider. 2001. Land-cover change model validation by an ROC method for the Ipswich watershed, Massachusetts, USA [J]. Agricultrue, Eosystems and Environment, 85: 239 -248.

Redman C L. 1999. Human dimensions of ecosystem studies [J]. Ecosystem, 2: 296 -298.

Rounsevell M D A, Annetts J E, Audsley E, et al. 2003. Modelling the spatial distribution of agricultural land use at the regional scal [J]. Agriculture, Ecosystems and Environment, 95: 465 -479.

Serneels S, Lambin E F. 2001. Proximate causes of land use change in Narok district Kenya: a spatial statistical model [J]. Agriculture, Ecosystems and Environment, 85: 65 - 82.

Thorrens P M, O'Sullivan D. 2001. Cellular automata and urban simulation: where do we go from here [J]. Environment and Planning, 28: 163 - 168.

Tuan Y F. 1971. Geography, phenomenology and the study of human nature [J]. The Canadian Geographer, 15: 181 - 192.

Verburg P H, Chen Y, Veldkamp A. 2000. Spatial explorations of land use change and grain production in China [J]. Agriculture, Ecosystems and Environment, 82: 333 - 354.

Verburg P H, de koning G H J, Kok K, et al. 1999. A spatial explicit allocation procedure for modeling the pattern of land use change based upon actual land use [J]. Ecol Model, 116: 45 - 61.

Wagner D. 1997. Cellular automata and geographic information systems [J]. Environment and Planning, 24: 219 - 234.

Wassenaar T, Gerber P, Verburg P H. 2007. Projecting land use changes in the neotropics: The geography of pasture expansion into forest [J]. Global Environmental Change, 17: 86 - 104.

White R. 1993. Cellular automata and fractal urban form : a cellular modeling approach to the evaluation of urban land use patterns [J]. Environment and planning, 25: 1 175 - 1 199.

White R. 1997. The use of constrained cellular automata for high-resolution modeling of urban land-use dynamics [J]. Environment and Planning, 24: 323 - 343.

William, L B. 1989. A review of models of landscape change [J]. Landscape Ecology, 2 (2): 111 - 133.

Wu J, Hobbs R. 2002. key issues and research priorities in landscape ecology: an idiosyncratic synthesis [J]. Landscape Ecology, 17: 355 - 365.

Wu Wenbin, Yang Peng, Tang Huajun et al. 2007. Regional variability of effects of land use system on soil properties [J]. Scientia Agricultura Sinica, 40 (8): 1 697 - 1 702.

Yeh A G, Li X. 2001. A constrained CA model for the simulation and planning of sustainable urban forms by using GIS [J]. Environment and Planning, 28: 733 - 753.

Yeh A G, Li X. 2002. A cellular automata model to simulate development density for urban planning [J]. Environment and Planning, 29: 431 - 450.